"十四五"普通高等教育系列教材

工程测量虚拟仿真
实训指导

刘娟 编著

中国电力出版社
CHINA ELECTRIC POWER PRESS

内 容 提 要

本书为"十四五"普通高等教育系列教材。全书共五个模块，模块一为课间实训项目，包括 17 个实训项目；模块二为虚拟仿真实训任务，包含 11 个虚拟仿真实训任务，可在分项项目的基础上设计组合综合项目的实训任务；模块三为综合实训；模块四为实训作业，包含两个实训作业；模块五为实训报告。附录为测量仪器参数和仪器检验与校正。

本书构建了"虚拟仿真实训＋真实测绘实践"相结合的模式。既有传统实训的真实性、可操作性，又有虚拟仿真实训的灵活性和系统性，优势互补、相辅相成。

本书适用于普通高等院校本科及高职高专土木建筑类各专业使用，也可作为相关专业工程技术人员的参考用书。

图书在版编目（CIP）数据

工程测量虚拟仿真实训指导/刘娟编著．—北京：中国电力出版社，2023.8
ISBN 978 - 7 - 5198 - 7878 - 8

Ⅰ.①工⋯　Ⅱ.①刘⋯　Ⅲ.①工程测量—计算机仿真—高等学校—教材　Ⅳ.①TB22

中国国家版本馆 CIP 数据核字（2023）第 092655 号

出版发行：中国电力出版社
地　　　址：北京市东城区北京站西街 19 号（邮政编码 100005）
网　　　址：http://www.cepp.sgcc.com.cn
责任编辑：熊荣华　（010 - 63412543）
责任校对：黄　蓓　马　宁
装帧设计：王红柳
责任印制：吴　迪

印　　刷：廊坊市文峰档案印务有限公司
版　　次：2023 年 8 月第一版
印　　次：2023 年 8 月北京第一次印刷
开　　本：787 毫米×1092 毫米　16 开本
印　　张：5.75
字　　数：135 千字
定　　价：28.00 元

前　言

　　本书融入了虚拟仿真实训项目,将工程测量实践与虚拟仿真实训有效融合,可在分项虚拟仿真实训项目的基础上设计综合项目的实训任务,通过虚拟工程项目的现场,解决土木工程项目现场模拟的测量问题,培养更新型更全面的人才。

　　工程测量的实践能力,体现在应用测量的基本原理、基本方法与测量仪器进行测、算、绘,培养学生的动手、实践和创新能力,为解决工程建设中的实际测量问题、为从事工程施工与管理奠定良好的基础。 通过施工现场虚拟仿真实训,对学生进行仿真训练,提升学生分析问题、解决问题的能力,更有利于培养学生的创新能力,促进学生知识、能力、素质的全面发展。 培养学生精益求精、追求卓越的科学精神以及团结合作、遵守规则的专业作风。

　　本书由太原学院刘娟编著,在编写过程中得到了建筑工程测量一流课程建设团队和虚拟仿真软件公司的鼎力支持,太原学院建筑与环境工程系副主任郑红勇主审了本书,谨在此一并表示感谢!

　　作为新形态教材,为配合虚拟仿真实训实践能力的训练,本书配有数字演示讲解资源。 限于编者水平,书中不当之处希望广大读者批评指正,以期不断修订完善。 请将问题和建议发送至 jlf.73@163.com。

目 录

工程测量实训须知

一、 实训目的及有关规定

（1）测量实训的目的一方面是为了巩固学生在课堂上所学的知识；另一方面是为了培养学生的基本操作技能，使理论与实践紧密结合。

（2）在实训之前，必须反复熟悉有关内容，认真阅读实训指导书，明确目的要求、方法步骤及注意事项，以保证实训按时完成。

（3）实训分小组进行，组长负责组织协调工作，办理使用仪器工具的借领和归还手续，个人要求能独立操作，在实训中培养独立工作和严谨的科学态度，同时要发扬互助协作精神。

实训应在规定的时间和地点进行，不得无故缺席或迟到早退，不得擅自改变地点或离开现场。

实训过程中或结束后，发现仪器工具有遗失、损坏情况，立即报告指导老师，同时要查明原因，根据情节轻重，给予适当赔偿和处理。

实训中要爱护花草树木，不应随意乱涂乱画，要爱护各种公共设施。

（4）实训结束后，提交书写工整、规范的实训报告或记录，经指导老师审阅同意后，交还仪器工具，结束实训。

（5）实训作为课程考核的一部分，应进行成绩评定。

二、 使用仪器、 工具注意事项

以小组为单位组长签字领取测量仪器、工具，领取时应当场清点检查，如有缺损，可以报告实训室管理员给予补领或更换。

（1）携带仪器时，注意检查仪器箱是否扣紧、锁好，拉手和背带是否牢固，并注意轻拿、轻放，开箱时，应将仪器放置平稳。开箱后，记清仪器在箱内安放的位置，以便使用后能按原样放回。提取仪器时，应用双手握住支架或基座轻轻取出，放在三脚架上，保持一手握仪器，一手拧紧连接螺旋，使仪器与三脚架牢固连接。仪器取出后，应关好仪器箱，严禁在箱上坐人。

（2）不可置仪器于一旁而无人看管。

（3）若发现透镜表面有灰尘或其他污物，须用软毛刷或擦镜头纸拂去，严禁用手帕、粗布或其他纸张擦拭。

（4）各制动螺旋勿拧过紧，以免损伤，各微动螺旋勿转至尽头，防止失灵。

（5）近距离搬站，应放松制动螺旋，一手握住三脚架放在肋下，一手托住仪器，放置胸前稳步行走。不准将仪器斜扛肩上，以免碰伤仪器。若距离较远，必须装箱搬站。

（6）仪器装箱时，应松开各制动螺旋，按原样放回后先试关一次，确认放妥后，再拧紧各制动螺旋，以免仪器在箱内晃动，最后关箱上锁。

（7）水准尺、标杆不准用作担抬工具，以防弯曲变形或折断。

（8）使用钢尺时，应防止扭曲打结或折断，防止行人踩踏或车辆碾压，尽量避免尺身着水，携尺前进时，应将尺身提起，不得沿地面拖行，以防损坏刻画。用完钢尺，应擦净、涂油，以防生锈。

三、 记录与计算规则

（1）实训所得各项数据的记录和计算，必须按记录格式用铅笔认真填写。纸面要保持干净整洁，字迹应清楚并随观测随记录。

观测者读出数字后，记录者应将所记数字多读一遍，以防记错。

（2）记录错误时，不准用橡皮擦去，不准在原数字上涂改，应将错误的数字划去并把正确的数字记在原数字上方。记录数据修改后或观测成果废去后，都应在备注栏内注明原因（如测错、记错或超限）。

（3）禁止连续更改数字，例如：水准测量中的黑、红面读数，角度测量中的盘左、盘右读数，距离测量中的往测与返测结果等，均不能同时更改，否则必须重测。

简单的计算与必要的检核，应在测量现场及时完成，确认无误后方可迁站。

（4）数据运算应根据所取的数，按"四舍六入，五前单进，双舍"的规则进行数字凑整。

例如：将下列数据取舍到小数点后三位

3.14159→3.142
2.71729→2.717
4.51050→4.510
7.62350→7.624
1.732500→1.732
6.534501→6.535

总结：由于数值取位的取舍即凑整会引起凑整误差，为了尽量减弱凑整误差对测量成果的影响，在计算中通常采用凑整规则。实际上也就是一般计算中的"四舍五入"规则，补充了"恰好等于5时凑成偶数"的规定。若以保留数字的末位为单位，其后被舍去的部分大于0.5时，则末位进1；小于0.5时，则末位不变。当其后被舍去的部分等于0.5时，则末位凑成偶数，即末位奇数时进1，偶数或零时末位不变。

课间实训项目

实训一　DS₃水准仪的使用

一、　目的和要求

（1）了解 DS₃ 水准仪的基本构造，认清其主要部件的名称、性能及作用。

（2）练习水准仪的安置、瞄准和读数。

（3）测定地面两点间的高差。

二、　仪器和工具

DS₃ 水准仪 1，水准尺 2，记录板 1，铅笔 1。

三、　方法和步骤

（1）安置仪器。将三脚架张开，使其高度适当，调节架头大致水平。开箱取出仪器，将其固连在三脚架上。

（2）认识仪器。指出仪器各部件的名称，了解其作用并熟悉其使用方法，同时弄清水准尺的分划与注记，掌握其读数。

（3）粗略整平。双手食指和拇指各拧一只脚螺旋，同时对向（或反向）转动，使圆水准器气泡向中间移动，再拧第三只脚螺旋，使气泡移至圆水准器居中。若一次不能居中，可反复进行。

（4）瞄准。转动目镜调焦螺旋，使十字丝清晰；使用瞄准器基本瞄准后，拧紧制动螺旋，转动微动螺旋，使水准尺位于视场中央；转动物镜调焦螺旋使目标清晰，注意消除视差。

（5）精平与读数。转动微倾螺旋使符合水准器气泡两端的影像吻合，即符合气泡居中，从望远镜中观察十字丝横丝在水准尺上的分划位置，读取四位数字（米、分米、厘米及毫米）。

四、　观测练习

在仪器的两侧各立一尺，分别进行观测（瞄准、精平、读数），记录观测数据并计算高差；改变仪器高度，同法观测。

实训二 DZS₃水准仪的使用

一、目的和要求

了解 DZS₃ 水准仪的基本构造，认清其主要部件的名称、性能及作用。练习水准仪的安置，瞄准和读数。

二、仪器和工具

DZS₃ 自动安平水准仪 1，水准尺 2，记录板 1。

三、方法和步骤

（1）安置仪器。将三脚架张开，使其高度适当，调节架头大致水平。开箱取出仪器，将其固连在三脚架上。

（2）认识仪器。指出仪器各部件的名称，了解其作用并熟悉其使用方法。

（3）粗略整平。双手食指和拇指各拧一只脚螺旋，同时对向（或反向）转动，使圆水准器气泡向中间移动，再拧第三只脚螺旋，使气泡移至圆水准器居中。若一次不能居中，可反复进行。

（4）瞄准。转动目镜调焦螺旋，使十字丝清晰；转动物镜调焦螺旋，使目标清晰，注意消除视差。

（5）读数。使用瞄准器基本瞄准后，转动微动螺旋，使水准尺位于视场中央；从望远镜中观察十字丝横丝在水准尺上的分划位置，读取四位数字（米、分米、厘米及毫米）。

四、外部结构

自动安平水准仪构造见图 1-2-1。

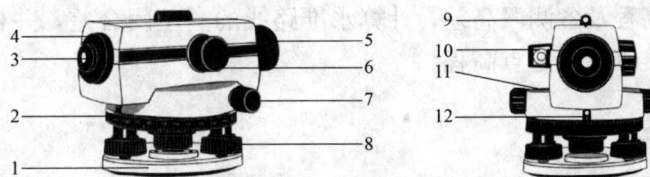

图 1-2-1 自动安平水准仪构造示意图

1—球面基座；2—度盘；3—目镜；4—目镜罩；5—物镜；6—调焦手轮；7—水平循环微动手轮；8—脚螺钉手轮；9—光学瞄准器；10—水泡观察器；11—圆水泡；12—度盘指示标

五、测量方法

安置仪器于 A、B 中间，垂直安放标尺于 A 点，用中丝读数为 a，垂直安放标尺于 B 点，用中丝读数为 b，A、B 两点高差值为 $a-b$。

实训三 普通水准测量

一、 目的和要求

（1）练习等外水准测量的观测、记录、计算与检核的方法。

（2）由一个已知高程（也可假设高程）点 BM_A 开始，经待定高程点 B、C、D……进行闭合水准路线测量，求出各待定点高程。

（3）同一测站变换仪器高度所测高差之差应小于 6mm。

（4）高差闭合差的容许值：

平地为 $f_{h容}=\pm40\sqrt{L}$mm，其中 L 为水准路线的公里数；

山地为 $f_{h容}=\pm12\sqrt{n}$mm，其中 n 为测站数。

（5）实训小组成员，观测、记录、扶尺要协调完成，要求个人独立完成测站的观测或记录或扶尺。

二、 仪器和工具

DS_3 水准仪 1 或自动安平水准仪 1，水准尺 2，尺垫 2。

三、 方法和步骤

（1）选定一条闭合水准路线，其长度以安置 4～6 个测站为宜，确定起始点及水准路线的前进方向。

（2）在起始点和第一个待定点分别立尺，在距两点大致等距离处安置仪器，分别观测得后视读数 a 和前视读数 b，高差为 $h=a-b$。改变仪器高再次观测得后视读数和前视读数，并计算高差。取高差平均值作为平均高差。将仪器搬至第二点、第三点间设站，观测得高差，依次推进测得各测段高差。

（3）根据已知高程及各测段高差，计算水准路线的高差闭合差，并检查是否超限，对闭合差进行配赋，推算各待定点高程。

四、 注意事项

（1）仪器的安置位置应保持前、后视距离的大致相等，并消除视差。

（2）立尺员要立直水准尺，注意已知水准点和待定水准点上不放尺垫，仪器未搬迁，后视点尺垫不动，仪器搬迁时，前视点尺垫不动。

（3）实训结束时，每组上交实训成果记录表。

实训四　水准仪的检验与校正

一、目的和要求

（1）了解水准仪各轴线间应满足的几何条件。

（2）掌握微倾式水准仪检验的方法，了解其校正的方法。

（3）要求检验后的 i 角不得超过 $20''$，其他条件检校到无明显偏差。

二、仪器和工具

DS_3 水准仪 1，水准尺 2，铅笔 1，计算器 1。

三、方法和步骤

（1）一般性检验。安置仪器后，首先检验：三脚架是否牢固，制动和微动螺旋、微倾螺旋、对光螺旋、脚螺旋是否有效，望远镜成像是否清晰。

（2）圆水准器轴平行于仪器竖轴的检验与校正。

1）检验。转动脚螺旋，使圆水准器气泡居中，将仪器绕竖轴旋转 180°，如果气泡仍然居中，说明此条件满足；如果气泡偏出分划圈之外，则需校正。

2）校正。先稍旋松圆水准器底部中央的固紧螺旋，然后用拨针拨动圆水准器校正螺钉，使气泡向居中方向退回偏离量的一半，再转动脚螺旋使气泡居中，如此反复检校，直到圆水准器转到任何位置时，气泡都在分划圈内为止。最后旋紧连接螺旋。

（3）十字丝横丝垂直于仪器竖轴的检验与校正。

1）检验。用十字丝交点（或十字丝横丝的一端）瞄准一个明显的点状目标，转动微动螺旋，若目标始终不离开横丝，说明此条件满足，否则需校正。

2）校正。旋下十字丝分划板护罩（有的仪器无护罩），用螺钉刀旋松分划板座三个固定螺钉，转动分划板座，使目标点与横丝重合。反复检验与校正，直到条件满足为止。最后将固定螺钉旋紧，并旋上护罩。

（4）视准轴平行于水准管轴的检验与校正。

1）检验。在较平坦的地方选定适当距离（80m 左右）的两个点 A、B，置水准仪于 A、B 的中间，使两端距离严格相等，测定 A、B 两点的高差。变动仪器高度再次测定。两次测出的高差之差不大于 3mm，取其平均值作为最后的正确高差，用 h_{AB} 表示，$h_{AB}=a_1-b_1$。

再安置仪器于 B 点附近（或 A 点附近），距离 2~3m，瞄准 B 点水准尺，读取读数为 b_2，根据 A、B 两点的正确高差计算 A 点，尺上应有的正确读数为 $a_2=h_{AB}+b_2$，与在 A 点尺上的实际读数 a_2' 比较，可得 $\Delta h=a_2'-a_2$，计算 i 角值

$$i''=\frac{\Delta h}{D_{AB}}\times\rho''$$

式中　$\rho''=206265''$；

D_{AB}——A、B 两点间的距离。

2）校正。转动微倾螺旋，使十字丝的中横丝对准 A 点尺上应有的读数 a_2，这时水准管气泡必然不居中，用拨针拨动水准管一端上、下两个校正螺钉，使气泡居中。松紧上、下两个校正螺钉前，先稍旋松左、右两个校正螺钉，校正完毕，再旋紧。反复检校，直到 $i \leqslant 20''$ 为止。

四、 注意事项

（1）检校仪器时必须按上述的规定顺序进行，不能颠倒。

（2）校正用的工具要配套，拨针的粗细与校正螺钉的孔径要相适应。

（3）拨动校正螺钉时，应先松后紧，松紧适当。

实训五 DJ₆经纬仪的使用

一、 目的和要求

（1）了解 DJ₆经纬仪的基本构造，认清其主要部件的名称、性能及作用。

（2）练习经纬仪的安置、瞄准和读数，并掌握基本操作要领。

（3）要求对中误差小于 3mm，整平误差小于 1 格。

二、 仪器和工具

DJ₆经纬仪 1。

三、 方法和步骤

（1）经纬仪的安置。在桩顶画十字作为测站点，安置三脚架于测站上，使其高度适当，调节架头大致水平。开箱取出仪器，将其固连在三脚架上。

1）对中。挂上垂球，平移三脚架，使垂球尖大致对准测站点，并注意架头的水平、三脚架的坚牢，稍松连接螺旋，两手扶基座，在架头上平移仪器，使垂球尖准确对准测站点，再拧紧连接螺旋。

2）整平。松开水平制动螺旋，转动照准部，使水准管平行于任意一对脚螺旋的连线，两手同时相向转动这两只脚螺旋，使气泡居中。将仪器绕竖轴转动 90°，使水准管垂直于原来两脚螺旋的连线，转动第三只脚螺旋，使气泡居中，如此反复调试。

（2）认识仪器。指出仪器各部件的名称，了解其作用并熟悉其使用方法，同时弄清分微尺分划，掌握读数方法。

（3）瞄准。转动望远镜目镜调焦螺旋，使十字丝清晰；使用望远镜上的粗略瞄准器瞄准目标，再从望远镜中观看，若目标位于视场内，可固定望远镜制动螺旋和水平制动螺旋，调节影像清晰，调节望远镜和照准部微动螺旋，用十字丝的纵丝平分目标（或将目标夹在双丝中间）并注意消除视差。

（4）读数。调节反光镜使读数窗亮度适当，旋转读数显微镜的目镜，使度盘及分微尺的刻画清晰，并区别水平度盘与竖直度盘读数窗，读取位于分微尺上的度盘刻划线所注记的度数，从分微尺上读取刻划线所在位置的分数，估读至 0.1′（即 6″ 的整倍数），盘左、盘右两次读数之差约为 180°，以此检核瞄准和读数是否正确。

四、 观测练习

练习变换水平度盘位置并进行读数。

实训六　电子经纬仪的使用

一、 目的和要求

（1）了解电子经纬仪的基本构造，认清其主要部件的名称、性能及作用。

（2）练习经纬仪的安置、瞄准和读数，并掌握基本操作要领。

二、 仪器和工具

电子经纬仪1。

三、 方法和步骤

（1）经纬仪的安置。安置三脚架于测站上，使其架头大致水平。开箱取出仪器，将其固连在三脚架上。

1）对中。移动脚架、旋转脚螺旋使对中标志准确对准测站点的中心。

2）整平。①粗平：伸缩脚架腿，使圆水准器气泡居中。②检查并精确对中：检查对中标志是否偏离测站点。如果偏离了，旋松连接螺旋，平移仪器基座使对中标志准确对准测站点的中心，拧紧连接螺旋。③精平：转动照准部，使水准管平行于任意一对脚螺旋的连线，两手同时相向转动这两只脚螺旋，使气泡居中。将仪器绕竖轴转动90°，使水准管垂直于原来两脚螺旋的连线，转动第三只脚螺旋，使气泡居中，如此反复调试。

（2）瞄准与读数。转动望远镜目镜调焦螺旋，使十字丝清晰；粗瞄目标，物镜调焦使影像清晰，注意消除视差。瞄准目标，然后读数。

四、 各部件的名称

电子经纬仪构造见图1-6-1。

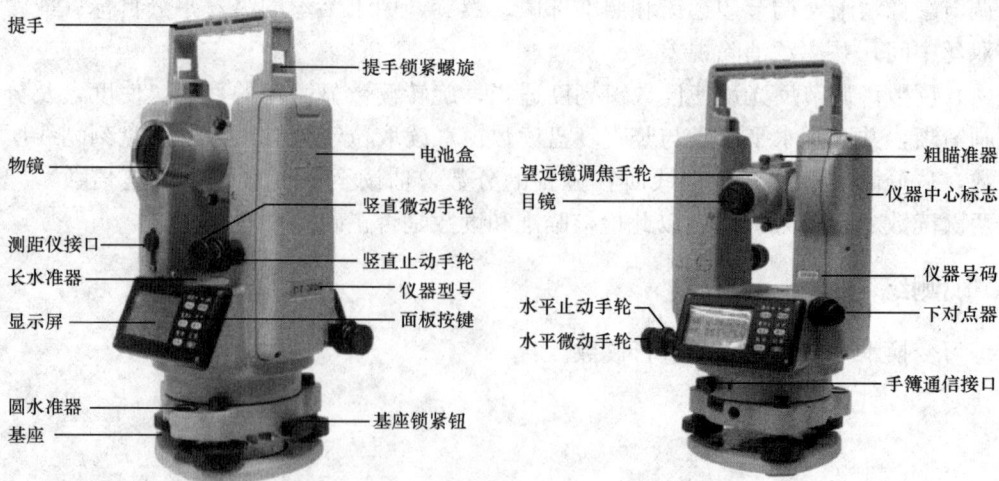

图1-6-1　电子经纬仪构造示意图

五、 注意事项

（1）左—右：左、右角增量方式。

（2）角度/斜度：角度、斜度显示方式。

（3）锁定：角度锁定

（4）置 0：置零。

（5）切换：键功能切换。

（6）⊙：开关、记录、确定。

实训七　测回法测量水平角

一、 目的和要求

（1）掌握测回法测量水平角的方法、记录及计算。

（2）要求限差在上、下半测回角值之差不得超过 $\pm 40''$，各测回角值互差不得大于 $40''$。

二、 仪器和工具

DJ$_6$经纬仪 1 或电子经纬仪 1，记录板 1，铅笔 1。

三、 方法和步骤

（1）每小组选一测站点 O 安置仪器，对中、整平后，再选定 A、B 两个目标。

（2）如果度盘变换器为复测式，盘左，转动照准部使水平度盘读数略大于零，将复测扳手扳向下，再去瞄准 A 目标，将扳手扳向上，读取水平度盘读数 a_1，记入手簿。如为拨盘式度盘变换器，应先瞄准 A 目标，后拨度盘变换器，使读数略大于零。

（3）顺时针方向转动照准部，瞄准 B 目标，读数 b_1 并记录，盘左测得 $\angle AOB$ 为

$$\beta_{左} = b_1 - a_1$$

（4）纵转望远镜为盘右，先瞄准 B 目标，读数 b_2 并记录，逆时针方向转动照准部，瞄准 A 目标，读数 a_2 并记录，盘右测得 $\angle AOB$ 为

$$\beta_{右} = b_2 - a_2$$

（5）若上、下半测回角值之差不大于 $40''$，计算一测回角值 $\beta = \dfrac{1}{2}(\beta_{左} + \beta_{右})$。

（6）观测第二测回时，应将起始方向 A 的度盘读数置于 $90°$ 附近。各测回角值互差不大于 $40''$，则计算平均角值。

四、 注意事项

（1）瞄准目标，尽量瞄准目标标志的根部，并注意消除视差。

（2）对中偏差$\leqslant$3mm。

（3）整平误差$\leqslant$1 格。

（4）上半测回顺时针转动照准部，下半测回逆时针转动照准部。

（5）搬运仪器时，不得斜扛。

实训八　方向观测法测量水平角

一、目的和要求

（1）练习方向观测法测量水平角的操作方法、记录及计算。

（2）要求限差在半测回归零差不得超过±18″，各测回方向值互差不得超过24″。

二、仪器和工具

DJ$_6$经纬仪1或电子经纬仪1，记录板1，铅笔1。

三、方法和步骤

（1）每小组选一测站点 O 安置仪器，对中、整平后，选定 A、B、C、D 四个目标。

（2）盘左瞄准起始 A 目标，并使水平度盘读数略大于零，读数并记录。

（3）顺时针方向转动照准部，依次瞄准 B、C、D、A 各目标，分别读取水平度盘读数并记录，检查归零差是否超限。

（4）纵转望远镜为盘右，逆时针方向依次瞄准 A、D、C、B、A 各目标，读数并记录，检查归零差是否超限。

（5）计算同一方向两倍视准轴误差 $2c$ ＝盘左读数－（盘右读数±180°）。

$$各方向的平均读数 = \frac{1}{2}\left[盘左读数 +（盘右读数 \pm 180°）\right]$$

将各方向的平均读数减去起始方向的平均读数，即得各方向的归零方向值。

（6）观测第二测回时，应将起始方向 A 的度盘读数置于90°附近。各测回同一方向归零方向值的互差不超过24″，取其平均值，作为该方向的结果。

四、注意事项

（1）应选择远近适中、易于瞄准的清晰目标作为起始方向。

（2）如果方向数只有3个时，可以不归零。

实训九 竖直角测量与竖盘指标差的检验

一、目的和要求

（1）练习竖直角观测、记录及计算的方法。

（2）了解竖盘指标差的计算方法。

（3）同一组所测得的竖盘指标差互差不超过±25″。

二、仪器和工具

DJ$_6$经纬仪 1 或电子经纬仪 1，记录板 1，铅笔 1。

三、方法和步骤

（1）每小组选一测站点 O 安置仪器，对中、整平后，选定 A、B 两个目标。

（2）先观察一下竖盘注记形式并写出竖直角的计算公式：盘左将望远镜大致放平，观察竖盘读数，然后将望远镜慢慢上仰，观察读数变化情况，若读数减小，则竖直角等于视线水平时的读数减去瞄准目标时的读数，反之，则相反。

（3）盘左，用十字丝横丝切于 A 目标顶端，转动竖盘指标水准管微动螺旋，使竖盘指标水准管气泡居中，读取竖盘读数 L，记入手簿并算出竖直角 α_L。

（4）盘右，同法观测 A 目标，读取盘右读数 R，记录并算出竖直角 α_R。

（5）计算竖盘指标差 $x=\frac{1}{2}(\alpha_R-\alpha_L)$ 或 $x=\frac{1}{2}(R+L-360°)$。

（6）计算竖直角平均值 $\alpha=\frac{1}{2}(\alpha_L+\alpha_R)$ 或 $\alpha=\frac{1}{2}(R-L-180°)$。

（7）同法测定 B 目标的竖直角并计算出竖盘指标差。检查指标差的互差是否超限。

四、注意事项

（1）观测过程中，对同一目标应使十字丝横丝切准目标顶端（或同一部位）。

（2）每次读数前应使竖盘指标水准管气泡居中。

（3）计算竖直角和指标差时，应注意正、负号。

（4）指标差的检验应保证 x 在 ±1′以内。

实训十　经纬仪的检验与校正

一、目的和要求

（1）了解 DJ_6 经纬仪各轴线间应满足的几何条件。

（2）掌握经纬仪检验的操作，了解其校正的方法。

二、仪器和工具

DJ_6 经纬仪 1，小钢直尺 1，皮尺 1，记录本 1，铅笔。

三、方法和步骤

（1）一般性检验。安置仪器后，首先检验：三脚架是否牢固，架腿伸缩是否灵活，各种制动和微动螺旋、对光螺旋、脚螺旋是否有效，望远镜及读数显微镜成像是否清晰。

（2）照准部水准管轴应垂直于仪器竖轴的检验与校正。

1）检验：将仪器大致整平，转动照准部使水准管平行于一对脚螺旋连线，转动该对脚螺旋，使气泡严格居中；将照准部旋转 180°，如果气泡仍然居中，说明此条件满足；如果气泡中点偏离水准管零点超过一格，则需校正。

2）校正：用拨针拨动水准管一端的校正螺钉，应先松后紧，使气泡退回偏离量的一半，再转动脚螺旋使气泡居中，如此反复检校，直到水准管在任何位置时气泡都无明显偏离为止。

（3）十字丝竖丝应垂直于仪器横轴的检验与校正。

1）检验。用十字丝交点瞄准一明显的点状目标 P，上、下微动望远镜，若目标点始终不离开竖丝，说明此条件满足，否则需校正。

2）校正。旋下目镜端分划板护罩，松开 4 个压环螺钉，转动十字丝分划板座，使目标点与竖丝重合。反复检验与校正，直到条件满足为止。校正完毕，应旋紧压环螺钉，并旋上护罩。

（4）视准轴应垂直于横轴的检验与校正。

1）检验。在 O 点安置经纬仪，从该点向两侧量取 30～50m，定出等距离的 A、B 两点。于 A 点设置目标，B 点横置一根有毫米刻画的小钢直尺，尺身与 AB 方向垂直并与仪器大致同高。盘左瞄准 A 目标，固定照准部，纵转望远镜在 B 点尺上读数为 B_1；盘右在瞄准 A 目标，并纵转望远镜在 B 点尺上读数为 B_2。若 $B_1=B_2$，该条件满足。否则，按下式计算出视准轴误差 C

$$C'' = \frac{B_1 B_2}{4 \times OB} \times \rho''$$

当 $C > 60''$ 时，则需校正。

2）校正。先在 B 点尺上定出一点 B_3，使 $B_2 B_3 = \dfrac{B_1 B_2}{4}$，旋下分划板护盖，用拨针拨

动十字丝左、右两个校正螺钉，一松一紧，使十字丝交点与 B_3 点重合。反复检校，直到 C 不大于 $60''$ 为止。然后，旋上护盖。

（5）横轴应垂直于仪器竖轴的检验与校正。

1）检验。在距建筑物约 30m 处安置仪器（用皮尺量出该距离 D），盘左瞄准墙上一高目标点 P（竖直角大约 $30°$），观测并计算出竖直角 α，再将望远镜大致放平，将十字丝交点投在墙上定出 P_1 点；纵转望远镜，盘右同法又在墙上定出 P_2 点，若 P_1、P_2 重合，该条件满足。否则，按下式计算出横轴误差

$$i'' = \frac{P_1P_2 \times \mathrm{ctan}\alpha}{2D} \times \rho''$$

当 $i > 1'$ 时，则需校正。

2）校正。使十字丝交点瞄准 P_1P_2 的中点 P_m，固定照准部；使望远镜向上仰视 P 点，这时，十字丝交点必然偏离 P 点。取下望远镜右支架盖板，校正偏心轴环，升、降横轴一端，使十字丝交点精确对准 P 点。反复检校，直到 i 角小于 $1'$ 为止。最后，装上盖板。

（6）竖盘指标差的检验与校正。

1）检验。整平仪器，用盘左、盘右观测同一目标点 P，转动竖盘指标水准管微动螺旋使气泡居中后，读记竖盘读数 L 和 R，按下式计算竖盘指标差

$$x = \frac{1}{2}(R + L - 360°)$$

当 $x > 1'$ 时，则需校正。

2）校正。仪器位置不变，仍以盘右瞄准原目标点 P，转动竖盘指标水准管微动螺旋使竖盘读数为 $(R - x)$，这时，气泡必然偏离。用拨针松、紧水准管一端的校正螺旋，使气泡居中。反复检校，直到 x 不超过 $1'$ 为止。

四、注意事项

（1）检校仪器时必须按实训步骤进行，顺序不能颠倒。

（2）校正用的工具要配套，拨针的粗细与校正螺钉的孔径要相适应。

（3）第 5 项校正因需要取下支架盖板，故该项校正应由专业维修人员进行。

实训十一　全站仪的使用　（一）

一、　目的和要求

（1）了解全站仪的基本构造，认清其主要部件的名称、性能及作用。

（2）掌握全站仪的操作要领。

二、　仪器和工具

全站仪 1。

三、　方法和步骤

（1）安置仪器。安放三脚架，使三脚架头位于测点上且近似水平。架设仪器，一只手握住仪器，另一只手旋紧中心螺旋。打开激光对点器观察其与测点的位置，调整仪器激光下对点，使其与地面标志重合。缩短离气泡最近的三脚架腿，或者伸长离气泡最远的三脚架腿，使圆水准器气泡居中，此操作需反复进行。调节脚螺旋使照准部水准器气泡居中。

（2）目镜调焦，照准目标，物镜调焦，注意消除视差。

（3）认识仪器。

四、　主要部件的名称

全站仪构造见图 1 - 11 - 1。

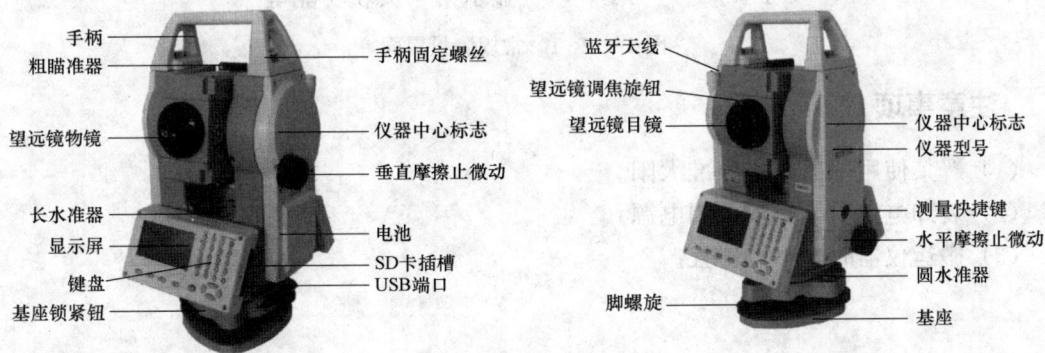

图 1 - 11 - 1　全站仪构造示意图

17

实训十二 距离测量

一、 目的和要求

（1）掌握距离测量的方法。

（2）每个同学测量测段 2～3 个。

二、 仪器和工具

全站仪 1。

三、 方法和步骤

在常规测量界面按距离键进入距离测量模式，见图 1-12-1。

页数	软件	显示符号	功能
1	F1	测距	启动距离测量
	F2	模式	切换测距模式，并进行距离测量
	F3	EDM	进入 EDM 设置模式

页数	软件	显示符号	功能
2	F1	倾斜	进行补偿设置
	F2	复测	角度重复测量模式
	F3	V％	垂直角百分比坡度显示
	F4	P2↓	显示第三页软功能键

图 1-12-1 常规测量界面

四、 注意事项

（1）严禁使用仪器直接照准太阳。

（2）装卸电池时，必须关闭电源。

（3）搬运仪器时，不得斜扛。

实训十三　钢尺距离测量

一、 目的和要求

（1）掌握钢尺量距的一般方法。

（2）要求往、返丈量距离，相对误差不大于 1/3000。

二、 仪器和工具

钢尺 1，标杆 3，测钎 1 组，木桩 2，记录板 1，铅笔 1。

三、 方法和步骤

（1）在地面选择相距约 100m 的 A、B 两点，打下木桩，桩顶钉一小钉或画十字作为点位，在 A、B 两点的外侧竖立标杆。

（2）后尺手执尺零端、插一根测钎于起点 A，前尺手持尺盒（或尺把）并携带其余测钎沿 AB 方向前进，行至一尺段处停下。

（3）一人立于 B 点后 1~2m 处定线，指挥持标杆者将标杆左、右移动，使其插在 AB 方向上。

（4）后尺手将尺零点对准点 A，前尺手沿直线拉紧钢尺，在尺末端刻线处竖直地插下测钎，这样便量完一个尺段。后尺手拔起 A 点测钎与前尺手共同举尺前进。同法继续丈量其余各尺段，每量完一个尺段，后尺手都要拔起测钎。

（5）不足一整尺段时，前尺手将某一整数分划对准 B 点，后尺手在尺的零端读出厘米及毫米数，两数相减求得余长。往返测全长

$$D_{往} = nl + q$$

式中　　n——整尺段数；

　　　　l——钢尺长度；

　　　　q——余长。

（6）同法由 B 向 A 进行返测，但必须重新进行直线定线，计算往、返丈量结果的平均值及相对误差，检查是否超限。

四、 注意事项

（1）钢尺拉出或卷入时不应过快，不得握住尺盒拉紧钢尺。

（2）钢尺必须经过检定后才能使用。

（3）钢尺一定要拉平拉稳。

实训十四 视距测量

一、 目的和要求

（1）练习用视距法测定地面两点间的水平距离和高差。

（2）水平距离和高差要往、返测量，往返测得水平距离的相对误差不大于 1/300，高差之差应不大于 5cm。

二、 仪器和工具

经纬仪 1，视距尺 1，木桩 2，记录板 1，皮尺 1。

三、 方法和步骤

（1）在地面任意选择 A、B 两点，相距约 100m，各打一木桩。

（2）安置仪器于 A 点，用皮尺量出仪器高 i（自桩顶量至仪器横轴，精确到厘米），在 B 点竖立视距尺。

（3）盘左，用中丝对准视距尺上仪器高 i 附近，再使上丝对准尺上整分米处，设读数为 b，然后读取下丝读数 a（精确到毫米）并记录，立即算出视距间隔 $l_L = a - b$。

（4）转动望远镜微动螺旋使中丝对准尺上的仪器高 i 处；转动竖盘指标水准管微动螺旋，使竖盘指标水准管气泡居中，读取竖盘读数并记录，计算竖直角 α_L。

（5）盘右，重复步骤 3、4，测得视距间隔 l_R 与竖直角 α_R。

（6）用盘左、盘右观测的视距间隔平均值和竖直角的平均值，计算 A、B 两点的水平距离和高差。

水平距离：$D = kl\cos^2\alpha$ 　　（取至 0.1m）

高差：$h_{AB} = D\tan\alpha + i - v$ 　　（取至 0.01m）

（7）将仪器安置于 B 点，重新量取仪器高 i，在 A 点竖立视距尺，观测盘左、盘右两个位置，使中丝对准尺上高度 v 处，读取上、中、下丝读数和竖盘读数。计算出水平距离和高差。检查往、返测得水平距离和高差是否超限。

四、 注意事项

如使用 SHARP EL-5812 计算器，计算水平距离和高差的按键次序：

α $[DEG]$ $[x\to M]$ $[\cos]$ $[x^2]$ $[\times]$ kl $[=]$ 　　　　显示为 D

$[\times]$ $[RM]$ $[\tan]$ $[=]$ 　　　　　　　　　　　　　显示为 h'

$[+]$ i $[-]$ v $[=]$ 　　　　　　　　　　　　　　　显示为 h

实训十五 全站仪的使用 （二）

一、 目的和要求

（1）掌握全站仪的操作要领。

（2）熟悉全站仪的数据采集方法。

二、 仪器和工具

全站仪 1。

三、 方法和步骤

（1）安放三脚架，使三脚架头位于测点上且近似水平。架设仪器，一只手握住仪器，另一只手旋紧中心螺旋。打开激光对点器观察其与测点的位置，调整仪器激光下对点，使其与地面标志重合。缩短离气泡最近的三脚架腿，或者伸长离气泡最远的三脚架腿，使圆水准器气泡居中，此操作需反复进行。调节脚螺旋使照准部水准器气泡居中。目镜调焦，照准目标，物镜调焦，注意消除视差。

（2）坐标测量模式。

坐标测量模式设置见表 1 - 15 - 1。

表 1 - 15 - 1　　　　　　　　　　　　坐标测量模式设置

页数	软件	显示符号	功能
1	F1	测距	启动距离测量
	F2	模式	切换测距模式，并进行距离测量
	F3	EDM	进入 EDM 设置
	F4	P1↓	显示第二页软功能键
2	F1	镜高	输入棱镜高
	F2	仪高	输入仪器高
	F3	测站	输入测站坐标
	F4	P2↓	显示第三页软功能键
3	F1	偏心	进入偏心测量程序
	F2	后视	进入后视定向程序
	F3	m/ft	距离单位米与英寸之间的转换
	F4	P3↓	显示第一页软能键

（3）数据采集。

进入数据采集：

1）在常规测量界面，按 MENU 进入主菜单。

2）按 ENT 键选择【数据采集】，或者按数字键 1。

3）完成程序准备设置（设置作业、设置测站、定向）。

4）按【测量】，进入数据采集界面。按向下导航键，选择要输入的数据，包括点号、镜高和编码。切换成坐标模式，点号可以手动更改，按 F3【测量】测量目标点坐标并显示在屏幕上，按 F4【记录】将坐标保存至当前作业，点号自动加 1。

实训十六　测设水平角与水平距离

一、目的和要求

(1) 用精确法测设已知水平角，要求角度误差不超过 $\pm 40''$。

(2) 测设已知水平距离，测设精度要求相对误差不应低于 1/5000。

二、仪器和工具

经纬仪 1，钢尺 1，木桩 5，测钎 1 组，水准仪 1，水准尺 1，温度计 1，弹簧秤 1。

三、方法和步骤

(1) 测设角值为 β 的水平角。

1) 在地面选择 A、B 两点打桩，作为已知方向，安置经纬仪于 B 点，瞄准 A 点并使水平度盘读数为 $0°00'00''$（或略大于 $0°$）。

2) 顺时针方向转动照准部，使度盘读数为 β（或 A 方向读数 $+\beta$），在此方向打桩为 C 点，在桩顶标出视线方向和 C 点的点位，并量出 BC 距离。用测回法观测 $\angle ABC$ 两个测回，取其平均值为 β_1。

3) 计算改正数 $\overline{CC_1} = D_{BC} \cdot \dfrac{(\beta - \beta_1)''}{\rho''} = D_{BC} \cdot \dfrac{\Delta\beta''}{\rho''}$，过 C 点作 BC 的垂线，沿垂线向外（$\beta > \beta_1$）或向内（$\beta < \beta_1$）量取 CC_1 定出 C_1 点，则 $\angle ABC_1$ 即为要测设的 β 角。再次检测改正，直到满足精度要求为止。

(2) 测设长度 D 的水平距离。利用测设水平角的桩点，沿 BC_1 方向测设水平距离为 D 的线段 BE。

1) 安置经纬仪于 B 点，用钢尺沿 BC_1 方向概量出长度 D，并钉出各尺段桩，用检定过的钢尺按精密量距的方法往、返测定距离，并记下丈量时的温度（估读至 $0.5℃$）。

2) 用水准仪往、返测量各桩顶间的高差，两次测得高差之差不超过 10mm 时，取其平均值作为成果。

3) 将往、返测得的距离分别加尺长、温度和倾斜改正后，取其平均值为 D'，与要测设的长度 D 相比较求出改正数 $\Delta D = D - D'$。

4) 若 ΔD 为负，则应由 E 点向 B 点改正，若 ΔD 为正，则以相反的方向改正。最后再检测 BE 的距离，它与设计的距离之差的相对误差不得低于 1/5000。

四、注意事项

(1) 如果测设水平角的精度要求不高时，可采用盘左、盘右取中数的方法。

(2) 练习测设水平距离的一般方法。

实训十七　测设已知高程和坡度线

一、目的和要求

（1）练习测设已知高程点，要求误差不大于 $\pm 8\text{mm}$。

（2）练习测设坡度线。

二、仪器和工具

水准仪 1，水准尺 1，木桩 5，皮尺 1。

三、方法和步骤

（1）测设已知高程 $H_{设}$。

1）在水准点 A 与待测高程点 B（打一木桩）之间安置水准仪，读取 A 点的后视读数 a，根据水准点高程 H_A 和待测设高程 $H_{设}$，计算出 B 点的前视读数 $b = H_A + a - H_{设}$。

2）使水准尺紧贴 B 点木桩侧面上、下移动，当视线水平，中丝对准尺上读数为 b 时，沿尺底在木桩上画线，即为测设的高程位置。

3）重新测定上述尺底线的高程，检查误差是否超限。

（2）测设坡度线。欲从 A 点至 B 点测设距离为 D、坡度为 i 的坡度线，规定每隔 10m 打一木桩。

1）从 A 点开始，沿 AB 方向量距、打桩并依次编号。

2）起点 A 位于坡度线上，其高程为 H_A，根据设计坡度及 AB 两点的距离，计算出 B 点的设计高程，并用测设已知高程点的方法将 B 点测设出来。

3）安置水准仪于 A 点，使一个脚螺旋位于 AB 方向上，另两只脚螺旋连线与 AB 垂直，量取仪器高 i。

4）用望远镜瞄准 B 上的水准尺，转动位于 AB 方向上的脚螺旋，使中丝对准尺上读数 i 处。

5）不改变视线，依次立尺于各桩顶，轻轻打桩，待尺上读数为 i 时，桩顶即位于坡度线上。

若受地形所限，不许可将桩顶打在坡度线上时，可读取水准尺上的读数，然后计算出各中间点桩顶距坡度线的填、挖数值：填（挖）数 $=i-$ 尺上读数，"$-$"为填，即坡度线在桩顶上面；"$+$"为挖，即坡度线在桩顶下面。

四、注意事项

由于水准仪望远镜纵向位移有限，若坡度较大，超出水准仪脚螺旋的调节范围时，可使用经纬仪测设。

虚拟仿真实训任务

实训一　桩　位　复　核

一、　目的和要求

（1）对桩位的轴线尺寸和控制桩的位置进行复核，核对设计交桩的正确性。

（2）使所有控制桩的桩位均应符合设计及施工规范要求。掌握精密测量仪器的使用方法，保证测量结果的准确性。

二、　实训平台

虚拟仿真实训平台

扫码观看桩位
复核实训视频

三、　方法和步骤

（1）甲方将已有的红线定位桩和主楼定位桩交接给乙方，并提供桩位坐标等详细信息。

（2）在定位桩 A 上支设三脚架，安放全站仪，伸缩脚架架腿使圆水准器泡居中，通过电子水准器的指示，转动基座脚螺旋整平仪器，进行测站设置，见图 2-1-1。

图 2-1-1　桩位复核示意图

（3）在定位桩 B 上安放棱镜，转动仪器照准部，照准 B 点棱镜，再移动棱镜至前视点 C 点，瞄准 C 点并读取 C 点坐标。

（4）将全站仪移动于 B 点，对中整平并进行测站设置，将棱镜分别设置在 A、C 点读取坐标并记录。

（5）依据上述方法，将 C 点设为测站，测量 A、B 点，将三次测量结果进行统计并进行误差分析。如果超限，需上报甲方进行重测和整改。

四、　注意事项

对测量结果进行统计与误差分析，如果超限，需上报甲方进行重测和整改。

实训二 标定平整范围

一、 目的和要求

（1）根据施工需要以及图纸要求确定场地平整的范围。

（2）对施工总平面图中建筑物、构筑物，以及施工现场临时道路、物料堆放区等在内的所有区域进行平整。

二、 实训平台

虚拟仿真实训平台。

扫码观看标定平整范围实训视频

三、 方法和步骤

（1）甲方将红线桩位对乙方进行交接，并找到定位桩 A 点、B 点位置。

（2）在定位桩 B 点上支设三脚架，安放全站仪，移动全站仪精确对准地面标志，伸缩脚架架腿使圆水准器气泡居中，通过电子水准器的指示，转动基座脚螺旋精确整平仪器。

（3）在定位桩 B 点进行测站设置，输入 B 点坐标和后视点 A 坐标，在定位桩 A 点上安放棱镜，转动全站仪，照准 A 点棱镜，输入 C 点坐标，并按全站仪屏幕距离提示，移动棱镜至 C 点进行桩位复核。

（4）结合平面图和施工现场所需尺寸，使用钢尺向外量出足够距离确定平整范围的边角位置点，在边角位置点钉入木桩，木桩上钉入铁钉，见图 2-2-1。

（5）将平整范围边角点四角的铁钉挂上白线，并撒灰，完成标定平整范围，见图 2-2-2。

图 2-2-1 确定平整范围边角位置点示意图

图 2-2-2 平整范围示意图

四、 注意事项

（1）仪器整平后不要再碰动。

（2）棱镜要竖直放置。

实训三　水　准　点　引　测

一、 目的和要求

（1）由原有的水准基点进行其他点的引测。

（2）引测前确保水准基点位置的准确性，完成所有的引测点后要确保最终能闭合回A点。

二、 实训平台

虚拟仿真实训平台

扫码观看水准点引测实训视频

三、 方法和步骤

（1）甲方将已测水准基点对乙方进行交接，并找到水准基点位置，原水准基点至少应该有3个，并且在引测前要对其进行复核，见图2-3-1。

（2）在AB点连线中间位置支设三脚架，安放水准仪。转动三个脚螺旋，使圆水准器气泡居中。分别将塔尺立于A、B两点，读出塔尺数值并计算高差。

（3）用同样的方法复测B、C两点。

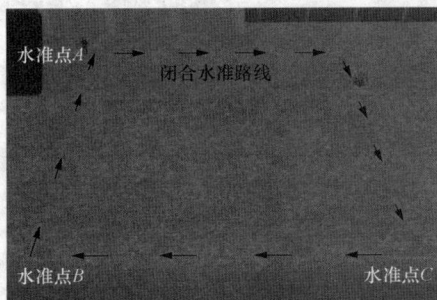

图2-3-1　水准基点复核示意图

图2-3-2　水准点引测路线示意图

（4）参考平面图，在实地选定位置支设水准仪，转动三个脚螺旋，使圆水准器气泡居中。将塔尺立于A点，转动水准仪望远镜对准塔尺，读出数值；再将塔尺移动至待引测位置，转动望远镜，对准塔尺读出数值，计算引测点高程，见图2-3-2。在引点位置设置标石，做永久性标记，并进行复测。

（5）用同样方法完成其他引测点，最终返回A点，并计算误差，如果超限需要重新测量。

四、 注意事项

（1）仪器整平后不要再碰仪器。

（2）水准点引测方法宜选用闭合水准路线。

实训四 测设建筑方格网

一、 目的和要求

（1）根据总平面图上建筑物和各种管线的布置情况，结合现场的地形条件及施工需要测设建筑方格网。

（2）测设方格网前对照方格网测量平面布置图，现场勘查校测建筑用地红线、围墙线、整平范围定位桩的桩点、坐标、高程。

（3）复测水平方向上两个控制点与交点所形成的夹角应为 $180°$，转角处应为 $90°$，误差不应超过 $8''$。

二、 实训平台

虚拟仿真实训平台

扫码观看测设建筑
方格网实训视频

三、 方法和步骤

（1）在定位桩 B_2 上支设三脚架，安放全站仪，精确对准地面标志，伸缩脚架腿使圆水准器气泡居中，通过电子水准器的指示，转动基座脚螺旋以精确整平仪器。

（2）用全站仪进行测站设置，输入测站点 B_2 点坐标和后视点 A_2 点坐标等信息。在定位桩 A_2 点上安放棱镜，转动仪器照准 A_2 点棱镜，测量并记录距离和坐标。将棱镜移动至 $A_2 B_2$ 点连线中部位置，通过全站仪显示屏提示，前后移动棱镜确定 $A_2 B_2$ 方向轴线控制点，并钉入钢筋头作为标记，见图 2-4-1。

图 2-4-1 测设轴线点示意图

（3）转动全站仪 $90°$ 瞄准 C_2 方向，将棱镜移动至 $B_2 C_2$ 点连线中部位置，根据坐标和距离提示，前后移动棱镜，确定 $B_2 C_2$ 方向轴线控制点。

（4）根据上述方法测设其他轴线控制点，将四个轴线控制点挂上白线，见图 2-4-2。

（5）使用钢尺将轴线分成固定的线段，并做标记，钢尺量距时要尽量拉紧。再在标记上挂上白线，沿线撒灰，形成方格网。

图 2 - 4 - 2 轴线示意图

（6）依据设计标高和原有高程控制点，使用水准仪测量出每个方格角点的高程，挖方为"+"，填方为"-"。

（7）移动塔尺至待测点位置，转动水准仪望远镜瞄准塔尺，读出数值，计算出与设计标高高差并标示在图纸中。在图纸中标示出所有角点编号、地面标高、施工高度和零线位置等内容，作为土石方计算的依据。

四、 注意事项

（1）方格网应根据总平面图上建筑物和各种管线并结合现场的地形而定，设计时应先确定方格网的主轴线。

（2）棱镜要竖直放置。

实训五 建筑基线测设

一、目的和要求

（1）建筑基线布设的位置应尽量临近拟建筑物并与其轴线平行。

（2）为了检查基线点位有无变动，基线点应设立不少于 3 个。

（3）清除测设范围内的障碍物，保证视野通透不受影响。

二、实训平台

虚拟仿真实训平台。

扫码观看建筑基
线测设实训视频

三、方法和步骤

（1）在建筑红线上取两条相互垂直的线 P_1P_2、P_1P_3，用木桩和铁钉分别在三个点做标记。

（2）根据图纸中总平面图的数据，使用钢尺从 P_1P_2 量取建筑红线与建筑基线之间的垂直距 d 定出 A_1 点，沿 P_1P_3 方向量取定出 B_1 点，见图 2-5-1。

（3）在 P_2 点支设脚架，使激光对中器的激光束与 P_2 点的中心重合，调节三脚架高度使圆水准器气泡居中，调节脚螺旋使管水准器气泡居中，转动经纬仪照准部，照准 P_1 点的标志，再逆时针旋转照准部 90°作 P_1P_2 垂线。使用钢尺沿垂线量取 d 定出 A 点做好标记，将经纬仪安放在 P_3 点，采用同样的方法定出 B 点，并做好标记。

（4）使用白线连接 AB_1 和 BA_1，从而获得两条直线，在两条直线的交点 O 做标记。至此 3 个建筑基线点全部确定，分别是点 A、O、B。三点的连线即为建筑基线，见图 2-5-2。

图 2-5-1 建筑红线示意图

图 2-5-2 建筑基线示意图

（5）在 O 点安放经纬仪，旋转照准部，照准 A 点上的标志。将经纬仪上的水平读数置零，顺时针旋转照准部照准 B 点，读取水平角读数，读数与 90°之差应在 $\pm 20'$ 以内。

四、注意事项

（1）在指定的用地边界点做好标记，并连接标定的边界点，从而确定建筑红线，进而确保建筑在规划范围内建设。

（2）建筑用地的界址使用界址钉在指定的用地边界点做标记。

实训六　主 楼 定 位 放 线

一、 目的和要求

(1) 使用全站仪或经纬仪完成定位点的测设。

(2) 复核定位点，若不符合设计要求及相关规范，则重新测设。

二、 实训平台

虚拟仿真实训平台。

三、 方法和步骤

(1) A、B 两控制点为已知点，在控制点 B 上支设三脚架，安置全站仪，伸缩脚架腿使圆水准器气泡居中，通过电子水准器的指示，转动基座脚螺旋精确整平仪器。

(2) 进行测站点设置和后视点设置，输入测站点 B 点坐标和后视点 A 坐标等信息，在控制点 A 上安放棱镜，照准 A 点棱镜，输入 C 点坐标，转动照准部，照准 C 点大致位置，通过全站仪显示屏的指示，前后移动棱镜，确定 C 点准确位置，并钉入木橛和铁钉作为标记。

(3) 同法确定 D 点、E 点、F 点，见图 2-6-1。

(4) 在定位点 D 上支设三脚架，安放经纬仪，通过激光对中器精确对中定位点 D，调节三脚架架腿长短使圆水准器气泡居中，调节脚螺旋使管水准器气泡居中。

(5) 在定位点 C 上立红铅笔，转动经纬仪使望远镜镜头中十字丝交点瞄准红铅笔笔尖后固定照准部，按归零按钮使经纬仪读数归零，然后旋转照准部并调节水平微动螺旋，使经纬仪读数为 $90°$，竖向转动经纬仪望远镜，通过观察望远镜中的十字丝指挥移动红铅笔，使笔尖对准十字丝交点并做下记号，然后使用钢尺沿经纬仪照准方向量出测设长度确定 I 点。

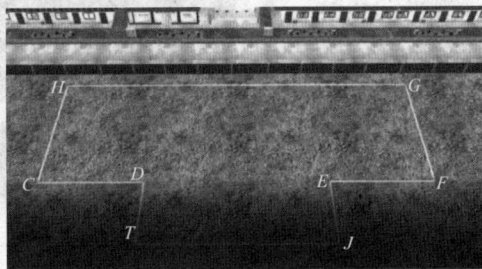

图 2-6-1　主楼定位点示意图

(6) 按以上测量方法使用全站仪或经纬仪完成其他定位点的测设，并复核。

四、 注意事项

(1) 棱镜照准时，由下至上照准。

(2) 定位点复核若不符合设计要求及相关规范，则须重新测设。

实训七　垫层测量放线

一、目的和要求

（1）基坑底面完成以后测设出垫层的施工范围。

（2）通过预留的坐标控制点测设建筑物轴线，从而由轴线测量确定出垫层支模用的外边线。

二、实训平台

虚拟仿真实训平台。

扫码观看垫层测量
放线实训视频

三、方法和步骤

（1）找到预留的坐标控制点，依靠坐标控制点测设建筑物轴线。

（2）轴线测设完成要用盒尺按图纸尺寸由轴线测量出垫层支模用的外边线，将所有垫层边线钢筋头挂上白线，见图 2-7-1。

图 2-7-1　垫层边线示意图

（3）按白线位置完成垫层边线的加密，宜 6~7m 钉入 1 个钢筋头。

（4）计算集水坑支模边线时，要注意集水坑放坡宽度为 1800mm。

（5）集水坑支模不能支在集水坑边上，要有约 100mm 的距离。

四、注意事项

（1）计算外边线时要注意图纸尺寸还要加上木方的厚度 50mm。

（2）采用钢尺量距时，钢尺要尽量拉紧。

实训八 基坑标高

一、目的和要求

（1）进行开挖施工过程中对基坑标高的精确控制。

（2）由已测标高确定基坑底标高，并最终确定基坑底标高。

二、实训平台

虚拟仿真实训平台。

三、方法和步骤

（1）安放水准仪在距离高程基准点和基坑大致相等处，将塔尺分别立于两处，测量得出两点的相对标高，见图 2-8-1。

图 2-8-1 标高测定示意图

（2）由已知的基准点绝对标高确定出±0.000m 标高位置，±0.000m 标高相当于绝对标高 41.5m，见图 2-8-2。

图 2-8-2 确定±0.000m 标高位置示意图

（3）由已测标高确定基坑底标高，并最终确定基坑底标高相对于 ±0.000 标高为 −5m，见图 2-8-3。

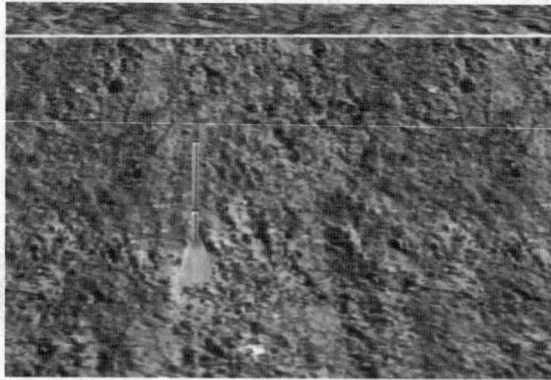

图 2-8-3　确定基坑标高示意图

四、 注意事项

标高传递在抄平时要注意不要计算错误。

实训九　基坑开挖放线

一、 目的和要求

（1）基坑开挖放线。

（2）基坑挖方的边线通常在实际工作中会故意放大些，以防止开槽过程中出现尺寸不够的情况。

二、 实训平台

虚拟仿真实训平台。

扫码观看基坑开挖放线实训视频

三、 方法和步骤

（1）沿 B 轴使用钢尺量距，钢尺 0 刻度线放在坐标控制点上，测量出轴线长度。

（2）按照工程土类如三类土，坡度为 45°，按 1：1 比例放坡，即基坑深度与放坡宽度等长，基坑深度为 5m，因此基坑边坡线宽度也为 5m，见图 2-9-1。

（3）将所有外边线和放坡线挂上白线，沿白线撒灰，见图 2-9-2。

图 2-9-1　基坑边坡线示意图

图 2-9-2　基坑开挖放线示意图

四、 注意事项

（1）放线前要求场地平整已经完成，平面控制网已经建立。

（2）使用钢尺时要尽量拉紧。

（3）撒灰线时，应选择在无风的时候。

实训十　裂　缝　观　测

一、 目的和要求

（1）测定建筑物上的裂缝分布位置和裂缝的走向、长度、宽度及其变化情况。

（2）查明裂缝情况，掌握变化规律，确保工程安全。

二、 实训平台

虚拟仿真实训平台。

三、 方法和步骤

（1）准备电钻、裂缝标志钢板等工具（见图 2-10-1），钢板尺寸为 150mm×150mm，另一片为 50mm×200mm。

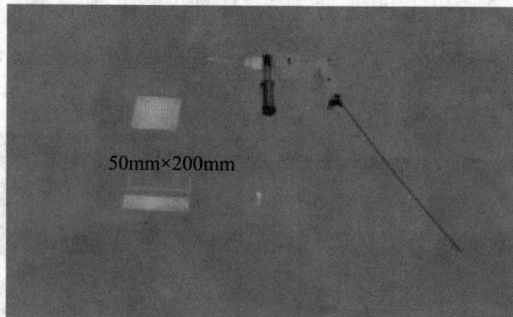

图 2-10-1　裂缝观测工具示意图

（2）对需要观测的裂缝应统一进行编号，观测点至少设置两组，一组设在裂缝的最宽处，另一组设在裂缝的末端。

（3）拿钢板在布置好的点位进行比对，使方形钢板与裂缝一边对齐，在裂缝的另一侧放置长方形钢板，两片钢板互相平行，并相互重叠。确定好位置，使用电钻打孔，然后固定好钢板。

（4）在钢板表面涂刷防腐油漆，并且标注设置日期和编号。标记设置好后立即观测，使用游标卡尺量测两片钢板的搭接长度，读取卡尺读数，并记入手簿。

（5）一个周期后，按上述方法进行测量读出读数，计算两次读数之差，得出本次周期的裂缝变化值。

（6）将每次观测的裂缝绘制成图，显示位置、形态、尺寸和观测日期。

四、 注意事项

（1）观测周期应视变化速度而定。

（2）附必要的照片资料。

实训十一　轴线投测外控法

一、目的和要求

（1）利用经纬仪根据建筑物的基础轴线准确地向楼层投测。

（2）投测前要对经纬仪的轴线关系进行严格的检校。

二、实训平台

虚拟仿真实训平台。

三、方法和步骤

（1）在轴线控制桩 C 安置经纬仪，精准对中控制桩的中心，伸缩脚架架腿使圆水准器气泡居中，转动脚螺旋使管水准器气泡居中。

（2）精确照准轴线 CC' 的另一控制桩 C' 上的红蓝铅笔，并固定照准部。竖向旋转望远镜将轴线投测到楼面上，并在所投测轴线的两端做出标记。

（3）根据上述方法将轴线 $33'$ 同样投测到楼面上。

（4）当建筑物施工到地面以上的楼层时，在控制桩 C 再次安装经纬仪进行对中、整平。将望远镜置于盘左位置，精准照准轴线点 b，使十字丝竖丝与标记相切，固定照准部，转动望远镜照准楼板顶边缘，指挥标记人员，使红蓝铅笔的笔尖与望远镜十字丝重合，并做好标记。

（5）将望远镜置于盘右再次瞄准 b 点进行投测，并在楼板顶做出标记，取两次投测的中点标记为轴线点 b_1。

（6）根据上述方法同样左右盘将轴线点 b'、a、a' 投测到板顶边缘做好标记，见图 2-11-1。

（7）将投测到本层的轴线点弹起来，便获得轴线 CC' 和轴线 $33'$。

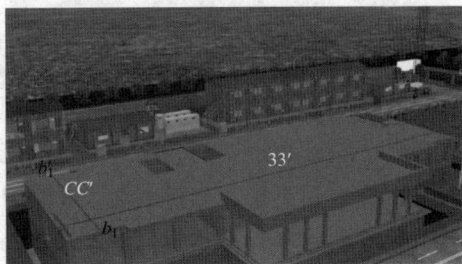

图 2-11-1 轴线投测示意图

四、注意事项

（1）地下工程完工后，将地下室顶面的积水、垃圾等清理干净。

（2）各层相应轴线向上投测的偏差不超限。

综合实训

一、 综合实训目的

工程测量综合实训是工程测量教学的组成部分，安排在课堂教学结束之后集中进行，除验证课堂理论外，也是巩固和深化课堂所学知识有机结合的重要环节，更是培养学生动手能力和训练严格的实践科学态度和工作作风的方法。通过综合实训，能够了解基本测绘工作的全过程，系统地掌握测量仪器操作，施测计算、地图绘制等基本技能，而且可为今后解决实际工程中的有关测量工作的问题打下基础，还能在业务组织能力和实际工作能力方面得到锻炼。

二、 任务和要求

（1）测绘比例尺为 1∶1000（或 1∶500）的地形图一张。

（2）在本组所测的地形图上布设一幢建筑物，并根据建筑物的平面位置设计一条建筑基线，要求计算出测设建筑基线和建筑物外廓轴线交点的数据，将它们测设于实地，并作必要的检核。（选做）

（3）了解其他精密测量仪器的构造及使用方法。

三、 综合实训组织

综合实训期间的组织工作由主讲教师全面负责，每班还应配备一位辅导教师，共同担任综合实训期间的辅导工作。综合实训工作按小组进行，每组选组长一人，负责组内综合实训分工和仪器管理。

四、 每组配备的仪器和工具

全站仪或经纬仪 1 台、水准仪 1 台、平板仪 1 套、钢尺 1 副、皮尺 1 副、水准尺 2 根、尺垫 2 个、花杆 3 根、测钎 1 组、记录板 1 块、背包 1 个、比例尺 1 支、量角器 1 个、三角板 1 副、手斧 1 把、木桩若干、测伞 1 把、红漆 1 瓶、绘图纸 1 张、有关记录手簿、计算纸、胶带纸、计算器、橡皮及铅笔等。

五、 综合实训计划

综合实训计划见表 3-1。

表 3-1 综合实训计划

序号	综合实训内容	时间（天）	备注
1	实训动员、借领仪器工具、仪器检校、踏勘测区	1.0	做好出测前的准备工作
2	控制测量外业工作	3.0	导线测量；图根水准测量
3	控制测量内业计算与展点	1.0	—

续表

序号	综合实训内容	时间（天）	备注
4	地形图测绘	3.0	碎步测量，地形图检查与整饰
5	地形图应用	0.5	设计建筑基线与建筑物并算出测设数据
6	测设	1.0	—
7	测绘仪器简介	0.5	精密水准仪等
8	整理实训报告及考查	1.0	—
9	机动	1.0	每周半天
合计		12	—

六、综合实训考查

考查依据综合实训中的表现、出勤情况、对测量知识的掌握程度、实际作业技术的熟练程度、分析问题和解决问题的能力、完成任务的质量、所交成果资料以及对仪器工具爱护的情况、综合实训报告的编写水平等。考查方式主要以学生操作情况为主，辅以口试质疑。评定成绩分为优、良、中、及格和不及格。

七、综合实训注意事项

（1）综合实训期间的工作以小组为单位进行。组长要切实负责，合理安排，使每人都有练习的机会，不要单纯追求进度；组员之间应团结协作，密切配合，以确保综合实训任务顺利完成。

（2）综合实训过程中应严格遵守《测量实训与综合实训须知》中的有关规定。

（3）综合实训前要做好准备，随着综合实训进度阅读本指导书及教材的有关章节。

（4）每一项测量工作完成后，要及时计算、整理成果并编写综合实训报告。原始数据、资料、成果应妥善保存，不得丢失。

（5）严格遵守综合实训纪律。病假需有医生证明，事假应得老师批准。凡违反综合实训纪律、缺勤天数超过综合实训天数的三分之一、未交成果资料甚至伪造成果者，均作不及格处理。

八、综合实训报告的编写

要求综合实训报告在综合实训期间编写，综合实训结束时上交。报告应反映学生在综合实训中所获得的一切知识，编写时要认真，力求完善，参考格式如下：

（1）封面——综合实训名称、地点、起讫日期、班级、组别、姓名。

（2）目录。

（3）前言——说明综合实训目的、任务及要求。

（4）内容——综合实训的项目、程序、方法、精度、计算成果及示意图，按综合实训顺序逐项编写。

（5）结束语——综合实训的心得体会，意见及建议。

九、 应提交的资料

1. 小组提交的资料

（1）经纬仪、水准仪检校成果。

（2）平面和高程控制测量的观测手簿。

（3）碎步测量记录手簿。

（4）1∶1000（或1∶500）比例尺地形图一张。

（5）测设草图一张。

2. 个人提交的资料

（1）平面和高程控制测量的计算成果。

（2）建筑基线及建筑物测设数据计算表。

（3）综合实训报告。

十、 综合实训的内容、 方法及技术要求

（一）大比例尺地形图的测绘

本项综合实训内容包括：在测区布设平面和高程控制网，测定图根控制点；进行碎步测量，测绘地物、地貌特征点，并依比例尺和图式符号进行描绘，最后拼接整饰成地形图。

1. 平面控制测量

在测区实地踏勘，进行布网选点。在首级导线点的基础上布设图根导线（闭合导线或附和导线）作为一级图根，当一级图根不足以控制地形时，可采用支导线或交会测量等方法加密控制。经过观测、计算获得平面坐标。

（1）踏勘选点。每组在指定的测区进行踏勘，了解测区地形条件，根据测区范围及测图要求确定布网方案进行选点。选点密度应能均匀地覆盖整个测区，便于碎步测量。对于选点的要求：

1）应选在土质坚实、便于保存标志和安置仪器的地方。

2）相邻导线点间应通视良好，便于测角量距。

3）导线相邻边的边长不宜差距过大。

4）如果测区内有已知点，所选图根控制点应包括已知点。

5）点位选定之后，立即打桩，桩顶钉一小钉或画一十字作为标志，并编写桩号。

6）点位以木桩标记，在水泥地上可用油漆标记。

（2）观测。

1）水平角观测：用测回法（或方向观测法）观测导线内角一测回。

2）边长测量：用检定过的钢尺往、返丈量导线各边边长；有条件的情况下，尽量应用光电测距仪测定边长。

3）连测：为了使控制点的坐标纳入本校或本地区的统一坐标系统，尽量与测区内外已知高级控制点进行连测；对于独立测区可用罗盘仪测定控制网一边的磁方位角，并假定一点的坐标作为起算数据。

根据规范其各项限差定为：

1）上、下半测回角值之差不得大于 $40''$。

2）角度闭合差不得大于 $\pm 40''\sqrt{n}$，n 为导线观测角数。

3）边长测量相对误差不得大于 1：3000。

（3）平面坐标计算。首先校核外业观测数据，在观测成果合格的情况下进行闭合差配赋，然后由起算数据推算各控制点的平面坐标。计算中角度取至秒，边长和坐标值取至厘米。

2. 高程控制测量

在踏勘的同时布设高程控制网，高程控制点可设在平面控制点上，网内应包括原有水准点，采用四等水准测量的方法和精度进行观测。布网形式可为附合路线、闭合路线或结点网。图根点的高程，平坦地区采用等外水准测量，丘陵地区采用三角高程测量。

（1）水准测量。

等外水准测量，用 DS₃ 水准仪沿路线设站单程施测，作为检核，可采用双面尺或变动仪器高法进行观测，取其平均值作为该站的高差。

图根水准测量的技术指标：

1）视线长度小于 100m。

2）同测站两次高差的差数不大于 6mm。

3）路线容许高差闭合差为：$\pm 40\sqrt{L}$ mm（或 $\pm 12\sqrt{n}$ mm）。

式中 L——路线长度的公里数；

      n——测站数。

（2）三角高程测量。

用 DJ₆ 经纬仪中丝法观测竖直角一测回，每边对向观测，仪器高和觇标高量至 0.5cm。同一边往、返测高差之差不得超过 $4D$cm，其中，D 为以百米为单位的边长；路线高差闭合差的限差为 $\pm 4\sum D/\sqrt{n}$ cm，n 为边数。

（3）高程计算。

对路线闭合差进行配赋后，由已知点高程推算各图根点。观测和计算取至毫米，最后成果取至厘米。

3. 碎步测量

首先进行测图前的准备工作，在各图根点设站测定碎步点，同时描绘地物和地貌。

（1）准备工作。

选择较好的图纸，用对角线法（或坐标格网尺法）绘制坐标格网，格网边长 10cm（或 5cm），并进行检查，要求方格网实际长度与名义长度之差不超过 0.2mm，图廓对角线长度与理论长度之差不超过 0.3mm。展绘控制点，要求用比例尺量出各控制点之间的距离，与实地水平距离（或按坐标反算长度）之差不得大于图上 0.3mm，否则，应检查展点是否有误。

（2）地形测图。

测图比例尺为 1：1000（或 1：500），等高距采用 1m（或 0.5m），平坦地区也可采用高程注记法。测图方法可选用大平板仪测绘法、经纬仪测绘法等。

设站时平板仪对中偏差应小于 $0.05×M$ （mm），M 是测图比例尺分母。以较远点作为定向点并在测图过程中随时检查，再依其他图根点作定向检查时，该点在图上偏差应小于 0.3mm。

经纬仪测图时，对中偏差应小于 5mm，归零差应小于 $4'$，对另一图根点高程检测的较差应小于 0.2 基本等高距。

跑尺选点方法可由近及远，再由远及近，顺时针方向行进。所有地物和地貌特征点都应立尺。地形点间距为 30m 左右，视距长度一般不超过 80m。高程注记至分米，记在测点右侧或下方，字头朝北。所有地物地貌应在现场绘制完成。

（3）地形图的拼接、检查和整饰。

1）拼接。

每幅地形图应测出图框外 0.5~1.0cm。与相邻图幅接边时的容许误差为：主要地物不应大于 1.2mm，次要地物不应大于 1.6mm；对丘陵地区或山区的等高线不应超过 1~1.5 根。如果该项综合实训属无图拼接，则可不进行此项工作。

2）检查。

地形图测绘完成后，应进行检查，以确保测图质量。首先进行图面检查，查看图面上接边是否正确、连线是否矛盾、符号是否正确、名称注记有无遗漏、等高线与高程点有无矛盾，发现问题应记下，便于外业检查时核对。外业检查时应对照地形图全面核对，查看图上地物形状与位置是否与实地一致，地物是否遗漏，注记是否正确齐全，等高线的形状、走向是否正确，若发现问题，应设站检查或补测。

3）整饰。

整饰是对图上所测绘的地物、地貌、控制点、坐标格网、图廓及其内外的注记，按地形图图式所规定的符号和规格进行描绘，提供一张完美的铅笔原图，要求图面整洁，线条清晰，质量合格。整饰顺序：首先绘内图廓及坐标格网交叉点（格网顶点绘长 1cm 的交叉线，图廓线上则绘 5mm 的短线）；再绘控制点、地形点符号及高程注记，独立地物和居民地，各种道路、线路，水系，植被，等高线及各种地貌符号；最后绘外图廓并填写图廓外注记。

（二）地形图的应用

测图结束后，每组在自绘地形图上进行设计。在图上布设民用建筑物一幢，并注出四周外墙轴线交点的设计坐标及室内地坪标高；为了测设建筑物的平面位置，需要在图上平行于建筑物的主要轴线布设一条三点一字形的建筑基线，用图解法求出其中一点的坐标，另外两点的坐标根据设计距离和坐标方位角推算出来。

（三）测设

1. 测设建筑基线

（1）根据建筑基线 A、O、B 三点的设计坐标和控制点坐标算出所需要的测设数据，并绘测设略图。

（2）安置经纬仪于控制点上，根据选定的测设点位的方法将 A、O、B 三点标定于地面上。

（3）检查。在 O 点安置仪器，观测 $\angle AOB$，与180°之差不得超过 $\pm 24''$，再丈量 AO 及 OB 距离，与设计值之差的相对误差不得大于 $1/10000$，否则，应进行改正。

2. 测设民用建筑物

（1）根据已测设的建筑基线以及基线与欲测设的建筑物之间的相互关系，即可采用直角坐标法将建筑物外墙轴线的交点测设到地面上。

（2）检查。建筑物的边长相对误差不得低于 $1/5000$，角度误差不得大于 $\pm 1'$，否则，应改正。

（四）测绘仪器简介

为了扩大知识面，可根据各校现有仪器的情况向学生介绍光电测距仪、DJ_2 经纬仪、电子经纬仪、激光经纬仪、DS_1 水准仪、自动安平水准仪、激光水准仪、激光铅垂仪、激光平面仪以及全站型速测仪等测绘仪器的构造与使用，并组织学生参观学习。

实训作业

实训一　导线坐标计算

一、目的和要求

（1）掌握导线坐标计算的方法和步骤。

（2）要求每人独立计算一份。

二、仪器和工具

电子计算器 1，铅笔，橡皮，导线坐标计算表。

三、方法和步骤

（1）将观测和起算数据填入坐标计算表并绘出导线略图。

（2）计算角度闭合差并进行调整：

$$f_\beta = \sum \beta_测 - (n-2) \times 180° \qquad （闭合导线）$$

或

$$\left. \begin{aligned} f_\beta &= \alpha_始 + \sum \beta_左 - n \times 180° - \alpha_终 \\ f_\beta &= \alpha_始 + n \times 180° - \sum \beta_右 - \alpha_终 \end{aligned} \right\} \quad （附和导线）$$

$$f_{\beta容} = \pm 40'' \sqrt{n}$$

当 $f_\beta \leqslant f_{\beta容}$ 时，方可进行调整。

改正数 $\qquad\qquad\qquad\qquad \Delta\beta = -\dfrac{f_\beta}{n}$

（3）用改正后的角值推算各边的坐标方位角：

$$\alpha_前 = \alpha_后 + \beta_左 - 180° \qquad （按左角推算）$$

或

$$\alpha_前 = \alpha_后 + 180° - \beta_右 \qquad （按右角推算）$$

当前两项之和小于减数时，应加 360°再减。

闭合导线应从起始边的方位角开始计算，最后再回到起始边，二者应完全一致，以资检核。

附和导线从起始边的方位角开始，计算至终边，与该边原已知方位角应完全一致，以资检核。

（4）计算坐标增量：

$$\Delta x = D \cdot \cos\alpha \qquad\qquad \Delta y = D \cdot \sin\alpha$$

坐标增量可利用计算器上由极坐标转换为直角坐标的功能进行计算，取位至厘米，按键次序如下：（〔　〕为计算器按键）

如：使用 SHARP EL - 5812 计算器（在 DEG 状态）

$D[\updownarrow]\alpha[\text{DEG}][2\text{nd}F][\to xy]$ 　　　　　显示为 Δx

$\qquad\qquad [\updownarrow]$ 　　　　　　　　　　显示为 Δy

如使用 CASIO f_x-350C 计算器（在 DEG 状态）

$D[\text{inv}][P \to R]\alpha[°'''][=]$ $\qquad$ 显示为 Δx

$\qquad\qquad[x \leftrightarrow y]$ $\qquad$ 显示为 Δy

如使用 KEYSHE KS-105 计算器（在 DEG 状态）

$D[a]\alpha[\text{DEG}][b][2\text{nd}][\to xy]$ $\qquad$ 显示为 Δx

$\qquad\qquad\quad[b]$ $\qquad$ 显示为 Δy

（5）计算坐标增量闭合差并进行调整：

$$\left.\begin{array}{l} f_x = \sum \Delta x \\ f_y = \sum \Delta y \end{array}\right\} \quad （闭合导线）$$

$$\left.\begin{array}{l} f_x = x_{始} + \sum \Delta x - x_{终} \\ f_y = y_{始} + \sum \Delta y - y_{终} \end{array}\right\} \quad （附和导线）$$

导线全长闭合差 $f = \sqrt{f_x^2 + f_y^2}$

导线全长相对闭合差 $K = \dfrac{|f|}{\sum D} = \dfrac{1}{\dfrac{\sum D}{|f|}}$

若 $K \leqslant \dfrac{1}{2000}$，方可进行调整。

改正数：

$$V_{xi} = -\frac{f_x}{\sum D} \cdot D_i$$

$$V_{yi} = -\frac{f_y}{\sum D} \cdot D_i$$

（6）用改正后的坐标增量依次计算出各点坐标：

$$x_{前} = x_{后} + \Delta x_{改}$$

$$y_{前} = y_{后} + \Delta y_{改}$$

四、 注意事项

导线坐标计算可由教师在思考题与习题中选取。

五、 导线坐标计算表

导线坐标计算表见表 4-1-1。

导线坐标计算表

表 4 - 1 - 1

点号	观测角值 ° ' "	改正数 "	改正后角值 ° ' "	坐标方位角 ° ' "	距离 D /m	增量计算值		改正后增量		坐标值		点号
						Δx/m	Δy/m	Δx/m	Δy/m	X/m	Y/m	
辅助计算												

实训二 地形图的应用

一、 目的和要求

（1）练习利用地形图绘制纵断面图，要求水平距离比例尺为 1∶2000，高程比例尺为 1∶500。

（2）应用地形图进行场地平整的土方量概算。有条件的院校，可直接在学生测绘的地形图上进行作业。

二、 仪器和工具

比例尺，三角板，铅笔，橡皮，分规，毫米方格纸。

三、 方法和步骤

（1）绘制从 A 点至 B 点的断面图。

1）在毫米方格纸上选择适当的位置绘一条水平线，过直线的起点作垂线，按规定的高程比例尺在垂线上标注高程。

2）在地形图上沿 A 点至 B 点方向线量取各条等高线与方向线的交点至 A 点的距离，按规定的水平比例尺，自 A 点起将各交点依次截注于水平线上。

3）再根据各点的高程按高程比例尺在各点作垂线，得到各点在断面图上的位置。

4）将各相邻点用平滑曲线连接起来。

（2）平整场地。拟将四边形 $abcd$ 进行平整场地，要求按土方平衡的原则求出土方工程量：

1）在拟平整场地范围内绘边长为 1cm 的方格，各方格顶点按行（A，B，C…）、列（1，2，3…）编号，见图 4 - 2 - 1。

C_1	C_2	C_3	C_4
B_1	B_2	B_3	B_4
A_1	A_2	A_3	A_4

图 4 - 2 - 1 场地方格编号

2）根据等高线用内插法求出各方格顶点的高程。

3）计算设计高程（平均高程）。

设计高程＝（角点高程之和×1＋边点高程之和×2＋拐点高程之和×3＋中点高程之和×4）÷（4×总方格数）

4）在地形图上用内插法绘出设计高程等高线（即填、挖边界线）。

5）计算填、挖高度。填、挖高度＝地面高程－设计高程。

正数为挖深、负数为填高。

6）计算填、挖土方量。

角点：填（挖）高度×$\frac{1}{4}$方格面积

边点：填（挖）高度×$\frac{2}{4}$方格面积

拐点：填（挖）高度×$\frac{3}{4}$方格面积

中点：填（挖）高度×$\frac{4}{4}$方格面积

分别计算填（挖）方量总和。

四、计算表格

填、挖土方量计算表见 4 - 2 - 1。

表 4 - 2 - 1　　　　　　　　　　　填、挖土方量计算表

点号	挖深/m	填高/m	所占面积/m²	挖方量/m²	填方量/m²
				Σ：	Σ：

实训报告

课程名称：_____

实训名称：_____

系　　部：_____

专　　业：_____

班　　级：_____

学生姓名：_____

学　　号：_____

同组学生：_____

指导教师：_____

日　　期：_____

实训__ 水准仪的认识

一、 实训内容和要求

二、 实训仪器与工具

三、 填写水准仪各部件的名称

四、 简述水准仪的操作步骤

五、 填写水准仪使用读数练习表

水准测量观测练习记录表

日期: 天气: 仪器号:
组别: 记录者: 观测者:

测站	点号	水准尺读数		高差/m		备注
		后视读数	前视读数	+	−	

成绩:＿＿＿＿＿＿＿＿ 日期:＿＿＿＿＿＿＿＿

实训＿ 水准测量

一、 实训内容和要求

二、 实训仪器与工具

三、 实训方法及步骤

四、 填写普通水准测量记录表

水准测量记录表

日期： 天气： 仪器号：

组别： 记录者： 观测者：

测站	点号	水准尺读数		高差/m	平均高差/m	备注
		后视读数	前视读数			
计算检核						

成绩：_____ 日期：_____

实训__ 水准仪的检验与校正

一、 实训内容和要求

二、 实训仪器与工具

三、 实训方法及步骤

四、 填写记录表格

水准仪检验与校正

日期：　　　　　　　　天气：　　　　　　　　仪器型号：

班级：　　　　　　　　小组：

1. 一般性检验结果：三脚架＿＿＿＿＿＿＿，制动微动螺旋＿＿＿＿＿＿＿，微倾螺旋＿＿＿＿＿＿＿，对光螺旋＿＿＿＿＿＿＿，脚螺旋＿＿＿＿＿＿＿，望远镜成像＿＿＿＿＿＿＿。

2. 圆水准器轴平行于仪器竖轴的检验与校正

检验（旋转仪器180°）次数	气泡偏离情况

3. 十字丝横丝垂直于仪器竖轴的检验与校正

检验次数	偏离情况

4. 视准轴平行于水准管轴的检验与校正

仪器位置	项目	第一次	第二次
在中点测高差	A 点尺上读数 a_1 B 点尺上读数 b_1 A、B 两点高差 $h_{AB} = a_1 - b_1$		
在 B 点附近检校	B 点尺上读数 b_2 A 点尺上应有读数 $a_2 = h_{AB} + b_2$ A 点尺上实际读数 a_2' 误差 $\Delta h = a_2' - a_2$ 两轴不平行误差 $i'' = \dfrac{\Delta h}{D_{AB}} \times \rho''$		

成绩：＿＿＿＿＿＿＿＿＿＿＿＿＿　　　日期：＿＿＿＿＿＿＿＿＿＿＿＿＿

实训＿＿ 经纬仪的使用

一、 实训内容和要求

二、 实训仪器与工具

三、 填写经纬仪各部件的名称

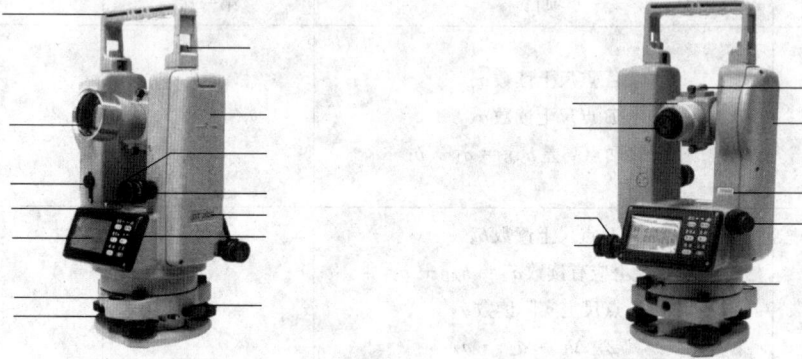

四、 简述经纬仪的操作步骤

五、 填写经纬仪使用的读数练习表

经纬仪使用读数记录表

日期：　　　　　　　　天气：　　　　　　　　仪器号：

组别：　　　　　　　　记录者：　　　　　　　观测者：

测站	竖盘位置	目标	水平度盘读数 ° ′ ″	备注

成绩：_____　　日期：_____

实训__ 全站仪的使用 （一）

一、 实训内容和要求

二、 实训仪器与工具

三、 填写全站仪各部件的名称

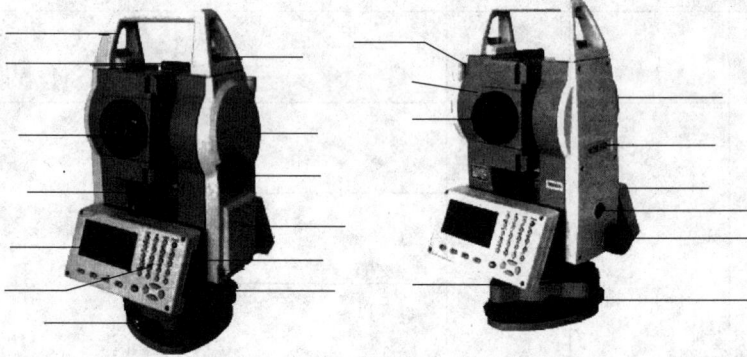

四、 简述全站仪的操作步骤

成绩：_____   日期：_____

实训__ 角度测量 （测回法）

一、 实训内容和要求

二、 实训仪器与工具

三、 实训方法及步骤

四、 填写测回法观测水平角记录表

水平角度测量记录表（测回法）

日期： 　　　　　　　　天气： 　　　　　　　　仪器号：

组别： 　　　　　　　　记录者： 　　　　　　　观测者：

测站	竖盘位置	目标	水平度盘读数 ° ′ ″	半测回角值 ° ′ ″	一测回角值 ° ′ ″	备注

成绩： 　　　　　　　　　　　　日期：

实训__ 方向观测法测量水平角

一、 实训内容和要求

二、 实训仪器与工具

三、 实训方法及步骤

四、 填写方向观测法观测水平角记录表

水平角观测手簿（方向观测法）

日期：　　　　　　　　天气：　　　　　　　　仪器型号：

班级：　　　　　　　　小组：

测站	目标	读数		2c ″	平均读数 ° ′ ″	归零后的 方向值 ° ′ ″	各测回归 零方向值 的平均值 ° ′ ″	备注
		盘左 ° ′ ″	盘右 ° ′ ″					

成绩：＿＿＿＿＿＿＿＿＿＿＿　　　　　日期：＿＿＿＿＿＿＿＿＿＿＿

实训__ 竖直角测量与竖盘指标差的检验

一、 实训内容和要求

二、 实训仪器与工具

三、 实训方法及步骤

四、 填写竖直角测量记录表、 竖盘指标差的检验记录表

竖直角测量记录表

日期：　　　　　　　　天气：　　　　　　　　仪器型号：

班级：　　　　　　　　小组：

测站	目标	竖盘位置	竖盘读数 。 ′ ″	竖 直 角 。 ′ ″	指标差 ″	平均竖直角 。 ′ ″	备注

成绩：_____　　　　日期：_____

竖盘指标差的检验记录表

日期：　　　　　　　天气：　　　　　　　仪器型号：

班级：　　　　　　　小组：

检验次数	测站	目标	竖盘位置	竖盘读数 。 ′ ″	竖直角 。 ′ ″	指标差 ″	盘右正确读数 。 ′ ″

成绩：＿＿＿＿＿＿＿＿＿＿＿　　日期：＿＿＿＿＿＿＿＿＿＿＿

实训＿　经纬仪的检验与校正

一、　实训内容和要求

二、　实训仪器与工具

三、　实训方法及步骤

四、　填写经纬仪的检验与校正记录表

经纬仪的检验与校正

日期：＿＿＿＿＿＿　　　天气：＿＿＿＿＿＿　　　仪器型号：＿＿＿＿＿＿

班级：＿＿＿＿＿＿　　　小组：＿＿＿＿＿＿

1. 一般性检验结果：三脚架＿＿＿＿＿＿，水平制动与微动螺旋＿＿＿＿＿＿，望远镜制动与微动螺旋＿＿＿＿＿＿，照准部转动＿＿＿＿＿＿，望远镜转动＿＿＿＿＿＿，脚螺旋＿＿＿＿＿＿，望远镜成像＿＿＿＿＿＿。

2. 照准部水准管的检验

检验（旋转仪器 180°）次数	气泡偏离情况

3. 十字丝竖丝的检验

检验次数	偏离情况

4. 视准轴的检验

检验次数	尺上读数		$\dfrac{B_2-B_1}{4}$	正确读数 $B_3=B_2-\dfrac{1}{4}(B_2-B_1)$	视准轴误差 $C''=\dfrac{B_2-B_1}{4\times OB}\times\rho''$
	盘左 B_1	盘右 B_2			

5. 横轴的检验

检验次数	P_1P_2 距离	竖盘读数	竖直角 α	D 仪器至墙面距离	横轴误差 $i''=\dfrac{\overline{P_1P_2}\cot\alpha}{2D}\times\rho''$

成绩：＿＿＿＿＿＿＿＿＿　　　日期：＿＿＿＿＿＿＿＿＿

实训__ 距 离 测 量

一、 实训内容和要求

二、 实训仪器与工具

三、 实训方法及步骤

四、 填写距离测量记录表

距离测量记录表

日期：　　　　　　　　　　　天气：　　　　　　　　　　　仪器号：

组别：　　　　　　　　　　　记录者：　　　　　　　　　　观测者：

尺段编号	往 测 值 /m	返测值 /m	往返测平均值 /m	备注

成绩：_____　　　　日期：_____

实训__ 视 距 测 量

一、 实训内容和要求

二、 实训仪器与工具

三、 实训方法及步骤

四、 填写视距测量记录表

视距测量

日期：　　　　　　　　天气：　　　　　　　　仪器型号：　　　　　　　　测站点高程：

班级：　　　　　　　　小组：　　　　　　　　仪器高 i：

测站	目标	竖盘位置	尺上读数		视距间隔	竖盘读数	竖直角 α	水平距离 D/m	初算高差	改正数 $i-v$	高差 h/m	备注
			中丝	下丝								
				上丝								

成绩：　　　　　　　　日期：

实训__ 全站仪的使用 （二）

一、 实训内容和要求

二、 实训仪器与工具

三、 简述全站仪数据采集的方法和步骤

成绩： _____ 日期： _____

实训＿＿测设（一）

一、 实训内容和要求

二、 实训仪器与工具

三、 实训数据准备

四、 简述测设方法及步骤

五、 填写测设记录表

测设记录表

日期：　　　　　　　　天气：　　　　　　　仪器型号：

班级：　　　　　　　　小组：

1. 测设水平角

测站	竖盘位置	目标	设计角值 ° ′ ″	水平度盘读数 ° ′ ″	测设略图

2. 水平角检测

测站	目标	水平度盘读数		半测回角值 ° ′ ″	一测回角值 ° ′ ″	各测回角值 ° ′ ″
		盘左	盘右			

3. 精密量距记录

尺长方程式：

尺段 编号	尺段长度	温度	高差	温度 改正数	尺长 改正数	倾斜 改正数	改正后尺段长

成绩：_____　　　　日期：_____

实训__ 测设 （二）

一、 实训内容和要求

二、 实训仪器与工具

三、 实训数据准备

四、 简述测设方法及步骤

五、 填写测设记录表

测设记录表

日期：　　　　　　　　天气：　　　　　　　　仪器型号：

班级：　　　　　　　　小组：

1. 测设高程

水准点高程 /m	后视读数 /m	视线高程 /m	设计高程 /m	前视应读数 /m

2. 高程检测

点号	后视读数 /m	前视读数 /m	高差 /m	高程 /m	备注

3. 测设已知坡度线

坡线全长：　　　　　　　　　　　　设计坡度：

起点高程：　　　　　　　　　　　　终点高程：

桩号	仪器高/m	尺上读数/m	填、挖数/m	备注

成绩：＿＿＿＿＿＿＿＿＿　　　日期：＿＿＿＿＿＿＿＿＿

附录

附录一　测量仪器参数

一、自动安平水准仪主要技术参数（见下表）

型号	DS32	DS05	EL03
物镜孔径	40mm	45mm	45mm
倍率	32x	38x	30x
望远镜成像	正像	正像	正像
视场角	1°20′	1°20′	1°30′
最短视距	0.3m	1.6m	1.0m
视距乘常数	100	100	—
视距加常数	0	0	—
防水	是	—	IP54
每公里往返测量标准偏差	≤±1.0mm	≤±0.5mm	≤±0.3mm（铟钢标尺） ≤±1.0mm（条码标尺）
圆水泡精度	8′/2mm	10′/2mm	8′/2mm
安平精度	±0.3″	±0.3″	±0.3″
补偿器工作范围	±10′	±15′	±14′
测微范围	—	10mm	—
测微尺格值	—	0.1mm	—
可估读值	—	0.01mm	—
最小读数	—	—	0.01mm

二、电子经纬仪主要技术参数（见下表）

型号	DT202C	DT205D	
测量方法	光电增量式	光电增量式	
最小读数	1″/5″/10″/20″	1″/5″/10″/20″	
测角精度	2″	5″	
物镜孔径	40mm	40mm	
放大倍率	30x	30x	
望远镜成像	正像	正像	
视场角	1°20′	1°20′	

续表

型号	DT202C	DT205D	
最短视距	2m	2m	
视距乘常数	100	100	
视距加常数	0		
显示屏照明	双面显示	双面显示	
分划板	有	有	
显示屏	有	有	
倾斜传感器	自动垂直补偿	—	
补偿范围	±3	—	
长水准器		30″/mm	
圆水准器		8′/mm	
视场角	5°		
有效距离	0.5～∞		
数据接口	RS-232C	—	
工作温度	−20～＋50℃		

三、全站仪主要技术参数（见下表）

型号	数字键全站仪	
测角方式	绝对编码	
最小显示读数	1″/5″/10″可选	
测角精度	2″	
物镜孔径	45mm	
放大倍率	30×	
望远镜成像	正像	
视场角	1°30′	
最短视距	1.0m	
显示屏照明	双面显示	
显示屏	有	
补偿方法	液体电容式	
补偿范围	±3′	
长水准器	30″/2mm	
圆水准器	8′/2mm	
视场角	1°30′	
数据接口	RS-232C，USB	—
工作温度	−20～＋50℃	

附录二 仪器的检验与校正

　　仪器出厂前，都已按有关规定进行了检校。各校正部位在各种因素条件下，偏离正确的位置的可能性是存在的。为避免长途运输、长期储存、温度改变等对仪器测量结果的影响，在仪器使用前应首先对仪器各允许校正部位进行检验校正，尤其在进行重要的野外测量之前，要对仪器进行校正。

一、 DS₃、 DS₃-A、 DS₃-D 系列光学水准仪的检验与校正

　　1. 长水准器垂直于竖轴及圆水准器轴平行于竖轴的检验与校正

　　（1）将仪器固定在三脚架上，使望远镜与任意二安平螺旋的连线平行，调节二安平螺旋使长水准器气泡居中。

　　（2）旋转望远镜180°，观察气泡是否居中，若不居中，则利用安平螺旋和微倾螺旋各调节气泡偏移量一半，使水泡居中。

　　（3）旋转望远镜回到（1）的位置，观察气泡是否居中，若不居中，则重复（1）、（2）项操作，直至气泡在二平安螺旋连线方向均能居中为止。

　　（4）旋转望远镜至（1）、（2）项位置90°方向，观察气泡是否居中，若不居中，可调节另一安平螺旋使其居中。

　　（5）重复进行（2）（3）（4）项，直至望远镜转至任意两个位置时，长水准器气泡最大偏移量不超过角值的1/2为止。然后观察圆水准器的气泡是否居中，若不居中，可调节圆水准器校正螺钉，使圆水准器气泡居中。

　　（6）旋转望远镜至任意位置，圆水准器气泡不应偏离出圆圈。

　　2. 长水准器轴与望远镜视准轴平行（即 i 角）的检验与校正

　　在平坦的地面上布置场地见图 6-2-1，在 A、B 各处打一木桩，并钉一圆帽钉，上立一标尺。

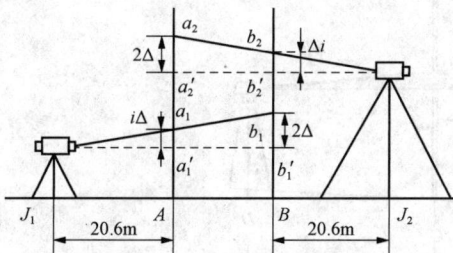

图 6-2-1　i 角检验示意图

　　（1）仪器架设在 J_1 处，整平后使长水准器精密符合，照准 A、B 两处标尺，分别读数 4 次。

　　（2）再将仪器架设在 J_2 处，整平后使长水准器精密符合照准 A、B 两处标尺，分别读数 4 次。

　　（3）计算方法：取 J_1 处 4 次读数平均值 a_1、b_1，J_2 处 4 次读数平均值 a_2、b_2，则 $i'' = (\Delta/s)\rho''$，其中 $\Delta = 1/2'[(a_2-b_2)-(a_1-b_1)]$；

　　s 为仪器主标尺的距离，单位 m，图 6-2-1 中为 20.6m，$\rho = 206265$（注意计算时 i 角的正负）。

　　（4）若 i 角大于 ±20″，则应当改正长水准器的上、下位置。校正时可在 J_1、J_2 两点的任意一点，若在 J_1 点就照准 A 标尺，转动微倾螺旋使 A 标尺读数为（$a_1-\Delta$）的点；若在 J_2 处就照准 B 标尺，转动微倾螺旋使其读数为（$b_2-\Delta$）的点。此时长水准器气泡向一方移动，用改正针校正长水准器校正螺钉，使气泡居中。改正后需再测定一次 i 角，以检验

改正是否正确，直至使 i 角校正到符合要求。

二、DS05 高精度自动安平水准仪的检验与校正

1. 圆水泡的检验与校正

三脚架稳固踩入地面后，装上仪器，旋转三只脚螺旋，使圆水泡居中，然后将仪器旋转 180°，如果水泡变动，不再位于圆圈中心，就必须对圆水泡进行校正。

校正时，旋转脚螺旋使水泡位移一半，另一半用校针插入校正螺钉校正，见图 6 - 2 - 2。螺钉拧紧时，水泡向拧紧的螺钉移动，螺钉放松时，水泡反向移动。校正时，先校的一颗螺钉是最接近于水泡中心与圆圈中心连线的那一颗，校到水泡进入圆圈中心或借助另外一颗螺钉，反复校正使水泡居中为止。当望远镜瞄准任何方向，水泡始终居中时，说明圆水泡已校正好，补偿器处于它的工作范围内。

图 6 - 2 - 2　圆水泡校正示意图

2. 视线水平度的检验与校正

（1）检验方法。在平坦地区选择长为 45～60m 的路线，并将其分成三等分，长度为 d，标尺安置在尺垫上或者放在分点 B、C 处的木桩上（如只有一根标尺，可根据需要将标尺从木桩 B 移到木桩 C），仪器依次安放在 A、D 处，仪器在 A 点（水泡居中和按一下按钮检查补偿器后）读取标尺。读数 a_1' 和 a_2'，仪器在 D 点读得 a_3'（C 处）和 a_4'（B 处）的读数，如果视线绝对水平，这些读数的正确值应为 a_1、a_2、a_3、a_4，见图 6 - 2 - 3。有如下关系式：$a_4 - a_1 = a_3 - a_2$。

如果关系式不成立，则表明视线对水平面倾斜了一个小角度，过 a_3' 作 a_2'、a_1' 的平行线，那么必交于 B 处标尺的正确位置 a_4 处，从图 6 - 2 - 3 中可得出 $a_4 - a_1' = a_3' - a_2'$，故 $a_4 = a_1' + a_3' - a_2'$。如果实测值 a 与计算值不符合，则要校正读数 a_4'，要求两者之差应小于 2mm/30mm，整个过程是重复进行的，误差计算出后按下所述进行校正。

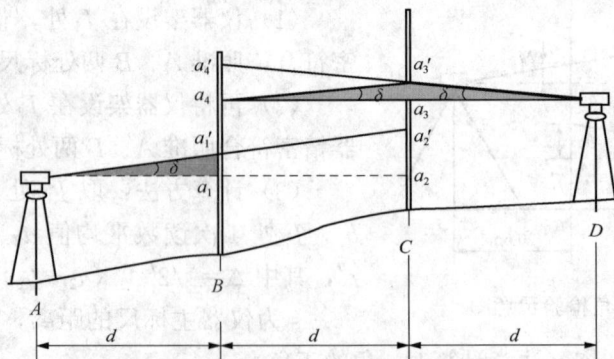

图 6 - 2 - 3　视线水平度检验示意图

（2）校正方法。仪器仍在 D 点，视线校正可通过分划板微量移动加以校正，旋开黑色校正孔盖，拿掉密封圈，用校正针调整十字孔螺钉，见图 6 - 2 - 4，直到水平丝位于计算出的 B 处标尺度数 a_4 为止。螺钉最后一圈应为顺时针方向旋转，装上密封圈，旋上护盖，最

图 6-2-4　校正螺钉示意图

后按上述方法重新检查。

三、 TDJ6 TDJ6E 光学经纬仪的检验与校正

1. 照准部水准器的检验与校正

仪器整平时，转动照准部使长水准器平行于任意两个脚螺旋连线。用左手原则相反方向等量转动此两脚螺旋，使气泡居中。照准部旋转 90°，旋转第三个脚螺旋使气泡居中，再使照准部旋转 180°。此时，气泡如偏离大于半格则需要对水准器校正。

假设照准部旋转 180°以后，长水准气泡向调整机构方向偏离了 1 格，先用脚螺旋向中心调 1/2 格，另外 1/2 格用校正机构调整，调整时先将调整螺母向下调，再向下旋转校正螺钉，使气泡居中并压紧。如果气泡偏向另一个方向，则应先向上调校正螺钉，再使调整螺母向上压紧。重复上述动作即可达到所需要求之精度。

2. 圆水准器的检验与校正

照准部长水准器校正好后，应该进行圆水准器检验。如果圆气泡偏离了中心，即出了圆圈，则应进行校正，圆水泡的校正机构见图 6-2-5，是用了 3 个校正螺钉来进行的。

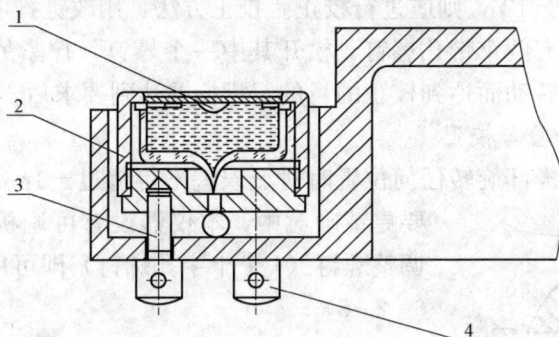

图 6-2-5　圆水泡的校正机构
1—圆水泡；2—圆水泡座；3—校正螺钉 I；4—校正螺钉 II、III

校正分两步进行，第一步先顺时针转动校正螺钉 III，再逆时针转动校正螺钉 II，使圆气泡向校正螺钉 I 方向转动。第二步再逆时针转动校正螺钉 I 使圆气泡居中为止。注意每个校正螺钉均应压紧为佳。

3. 望远镜分划板竖丝的检验与校正

（1）检验方法。整平仪器后，将望远镜分划板竖丝精确瞄准 50m 左右处的目标，转动垂直微动手轮，使竖丝沿目标移动，观察竖丝是否偏离目标，如果偏离目标则需进行校正。

（2）校正方法。逆时针方向转动望远镜分划板保护盖，并取下保护盖，这时可看到四个一字口的紧固螺钉。稍微松开四个紧固螺钉，微量敲动带孔的校正螺钉（沿圆周方向）使其分划板转动，以达到竖丝垂直。上述方法检查，直到合格为止，然后再拧紧紧固螺钉。

4. 视准轴误差 2c 的检验与校正

（1）检验方法。仪器在观测前应检验与校正视准轴误差 2c。仪器检修后和出测前也应

校正 $2c$ 误差，方法如下：将经纬仪安放在 100m 左右平坦地区的中央，并在两端 50m 设置 A、B 两根水平标尺，仪器整平后按下述程序进行检验：

正镜位置（盘左）用望远镜竖丝瞄准 A 尺的 a 点，固定水平制动手把。

倒转望远镜（此时仪器照准部不动）倒镜位置用竖丝瞄准 B 尺读数为 b_1。

松开水平制动手把，使仪器照准部旋转 $180°$，成倒镜位置（盘右），用望远镜竖丝瞄准 A 尺的 a 点，固定水平制动手把。

倒转望远镜，用竖丝瞄准 B 尺并读数为 b_2，如果 $b_1 \neq b_2$，则表示望远镜视准轴与横轴不垂直，即为视准轴误差 $2c$，应对此进行校正。

（2）校正方法。旋下分划板保护盖后，校正左右两个带孔校正螺钉。用校正针先松开一个再拧紧另一个，可观察 B 尺，使竖丝移动 $(b_2 - b_1)/4$ 即可。此项应反复检验与校正，直至达到标准要求为止。

5. 指标差的检验与校正

仪器整平后，逆时针旋转补偿锁紧手轮，对同一高度的目标进行正倒镜观测。

正镜位置用分划板横丝瞄准目标 A 读取垂直角读数为 L。

倒镜位置用分划板横丝瞄准目标 A 读取垂直角读数为 R。

则垂直指标差：$i = [(L+R) - 360°]/2$。

如果 i 的绝对值大于 $12''$，则应进行校正。校正方法：用改锥拧下螺钉，取下长形指标差盖板，可见仪器内部有两个带孔螺钉，松开其中一个螺钉，拧紧另一个螺钉能使垂直光路中一块平板玻璃产生转动而达到校正的目的。指标差达到要求后，盖上指标差盖板。

6. 光学对点器的检验与校正

（1）检验方法。照准部旋转任何位置时对点误差不得超过 $\pm 1mm$，如果发现超差或需要更精确对中，本仪器设有可调机构，使用光学对点器调整螺钉（4 个十字孔螺钉）即可用于调整对点器，见图 6-2-6。

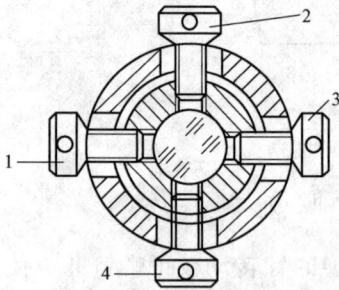

（2）校正方法。首先使对点分划板的十字丝中心对准测点，再使照准部旋转 $180°$，测点偏离中心。可先松开螺钉 1，拧紧螺钉 3，使测点向竖丝移动 1/2 距离。松螺钉 4，紧螺钉 2，使测点向水平移动 1/2 距离。移动仪器使测点对准十字丝中心即可。上述动作可反复几次进行，以达到标准要求为止。上述调整须在 1.5m 和 0.8m 两个目标上进行，同时达到上述要求为止。校正完毕，要使四个螺钉均拧紧。

图 6-2-6 校正调整螺钉示意图

四、 DT200 电子经纬仪的检验与校正

1. 长水准器的检验与校正

（1）检验方法。将仪器安放于较稳定的装置上（如三脚架、仪器校正台），并固定仪器；将仪器粗整平，并使仪器长水准器与基座三个脚螺钉中的两个连线平行，调整该两个脚螺钉使长水准器水泡居中；转动仪器 $180°$，观察长水准器的水泡移动情况，如果水泡处于长水准器中心，则无须校正；如果水泡移出允许范围，则需进行调整。

（2）校正方法。将仪器在一稳定的装置上安放并固定好；粗整平仪器；转动仪器，使仪器长水准器与基座三个脚螺钉中的两个的连线平行，并转动该两个脚螺钉，使长水准器水泡居中；仪器转动180°，待水泡稳定，用校针微调校正螺钉，使水泡向长水准器中心移动一半的距离；重复上述步骤，直至仪器转动到任何位置，水泡都能处于长水准器的中心。

2. 圆水准器的检验与校正

（1）检验方法。将仪器在一稳定的装置上安放并固定好，用长水准器将仪器精确整平。观察仪器圆水准器水泡是否居中，如果水泡居中，则无须校正；如果水泡移出范围，则需进行调整。

（2）校正方法。将仪器在一稳定的装置上安放并固定好，用长水准器将仪器精确整平。用校针微调两个校正螺钉，使水泡居于圆水准器的中心，见图6-2-7。注意：用校针调整两个校正螺钉时，用力不能过大，两螺钉的松紧程度相当。

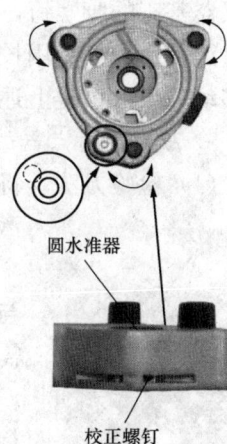

图6-2-7 圆水准器校正螺钉示意图

3. 望远镜粗瞄准器的检验与校正

（1）检验方法。将仪器安放在三脚架上并固定好，将十字标志安放在离仪器50m处；将仪器望远镜照准十字标志；观察粗瞄准器是否也照准十字标志，如果也照准，则无须校正；如果有偏移，则需进行调整。

（2）校正方法。将仪器安放在三脚架上并固定好；将十字标志安放在离仪器50m处；将仪器望远镜照准十字标志；松开粗瞄准器的四个固定螺钉，调整粗瞄准器到正确位置，并固紧四个固定螺钉，见图6-2-8。

4. 光学下对点器的检验与校正

（1）检验方法。将仪器安置在三脚架上并固好；在仪器正下方放置一十字标志；转动仪器基座的脚螺钉，使对点器分划板中心与地面十字标志重合。使仪器转动180°，观察对点器分划板中心与地面十字标志是否重合；如果重合则无须校正；如果有偏移则需进行调整，见图6-2-9。

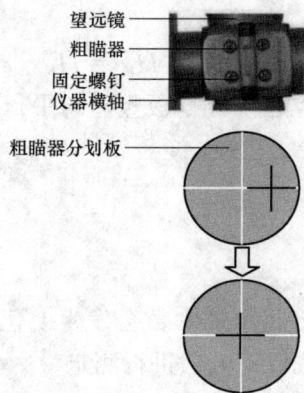

图6-2-8 望远镜粗瞄准器示意图　　图6-2-9 光学下对点器示意图

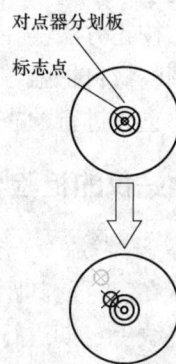

（2）校正方法。将仪器安置在三脚架上并固定好；在仪器正下方放置一十字标志；转

动仪器基座的脚螺钉，使对点器分划板中心与地面十字标志重合；使仪器转动180°，并拧下对点目镜护盖，用校针调整四个调整螺钉，使地面十字标志在分划板上的像向分划板中心移动一半；重复上述步骤，直至转动仪器，地面十字标志与分划板中心始终重合为止。

5. 激光下对点器的检验与校正

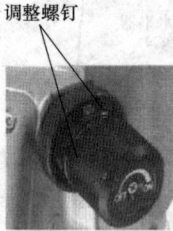

（1）检验方法。将仪器安置在三脚架上并固定好；在仪器正下方放置十字标志；打开激光下对点器，并调整光斑亮度以及大小至合适；转动仪器基座的三个脚螺钉，使光斑与地面十字标志重合。使仪器转动180°，观察光斑与地面十字标志是否重合；如果重合，则无须校正；如果有偏移，则需进行调整，见图6-2-10。

图6-2-10 调整螺钉示意图

（2）校正方法。转动仪器基座的脚螺钉，使激光光斑与地面十字标志重合；使仪器转动180°，并拧下对点目镜护盖，用校针调整四个调整螺钉，使激光光斑向地面十字标志移动一半；重复上述步骤，直至转动仪器，地面十字标志与分划板中心始终重合为止。

6. 望远镜分划板竖丝的检验与校正

（1）检验方法。将仪器安置于三脚架上并精确整平；在距仪器50m处设置一点A；用仪器望远镜照准A点，旋转垂直微动手轮；如果A点沿分划板竖丝移动，则无须调整；如果移动有偏移，则需进行调整，见图6-2-11。

（2）校正方法。安置仪器并在50m处设置A点；取下目镜头护盖，旋转垂直微动手轮，用十字螺钉刀将四个调整螺钉稍微松动，然后转动目镜头使A点与竖丝重合，拧紧四个调整螺钉；重复上述步骤直至无偏差。

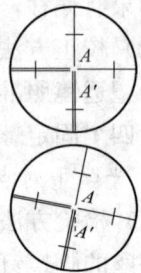

7. 仪器照准差c的检验与校正

（1）检验方法。将仪器安置在稳定装置或三脚架上并精密整平；瞄准平行光管分划板十字丝或远处明显目标，先后进行正镜和倒镜观测；得到正镜读数H_L和倒镜读数H_R。计算照准差$c = (H_L - H_R \pm 180°)/2$；如果$c < 10''$则无须调整；如果$c > 10''$，则需进行调整。

图6-2-11 望远镜分划板竖丝检验示意图

（2）校正方法。在倒镜位置旋转平盘微动手轮使倒镜读数$H_R' = H_R + c$。松开望远镜分划板调整螺钉护盖，调整左右两个调整螺钉，使望远镜分划板竖丝与平行光管或远处目标重合；重复进行检查和校正直至合格为止。

五、 全站仪的检验与校正

1. 仪器常数的检验与校正

仪器在出厂前其距离加常数已检校为零。但由于距离加常数会发生变化，有条件时应在已有基线上定期进行精确测定，如无此条件则可按以下方法进行测定。

在一平坦场地上，选择相距约100m的两点A和B，分别在A、B点上设置仪器和棱镜，并在AB两点构成的直线中间选取一点C；精确测定AB间水平距离10次并计算平距值；将仪器移至C点，在A、B点上设置棱镜；精确测定CA和CB间的水平距离10次，分别计算其平距值。按下面的公式计算距离加常数：$K=AB-（CA+CB）$；重复测定距离加常数 2～3 次，如果计算所得距离加常数均在 ±3mm 以内，则不需要进行校正。

注意：仪器和棱镜的对中误差和照准误差都会影响距离加常数的测定结果，因此在检测过程中应特别细心以减少这些误差的影响。还应注意使仪器和棱镜等高，检测在不平坦的地面上进行时，利用水准仪来测设仪器高和棱镜高。

2. 长水准器的检验与校正

（1）检验方法。将仪器安放于较稳定的装置上（如三脚架、仪器校正台），并固定仪器；将仪器粗整平，并使仪器长水准器与基座三个脚螺钉中的两个的连线平行，调整该两个脚螺钉使长水准器水泡居中。转动仪器 180°，观察长水准器的水泡移动情况，如果水泡处于长水准器的中心，则无须校正；如果水泡移出允许范围，则需进行校正。

（2）校正方法。将仪器在一稳定的装置上安放并固定好；粗整平仪器；转动仪器，使仪器长水准器与基座三个脚螺钉中的两个的连线平行，并转动这两个脚螺钉，使长水准器水泡居中；仪器转动 180°待水泡稳定，用校针微调校正螺钉，使水泡向长水准器中心移动一半的距离。

重复校正，直至仪器用长水准器材确整平后转动到任何位置，水泡都能处于长水准器的中心。

3. 圆水准器的检验与校正

（1）检验方法。将仪器在一稳定的装置上安放并固定好，用长水准器将仪器精确整平。观察仪器圆水准器气泡是否居中，如果气泡居中，则无须校正；如果气泡移出范围，则需进行调整。

（2）校正方法。将仪器在一稳定的装置上安放并固定好，用长水准器将仪器精确整平。用内六角扳手调整三个校正螺钉，使气泡居于圆水准器的中心，见图 6-2-12。

4. 望远镜粗瞄准器的检验与校正

（1）检验方法。将仪器安放在三脚架上并固定好；将一十字标志安放在离仪器 50m 处。将仪器望远镜照准十字标志，观察粗瞄准器是否也照准十字标志，如果能够同时也照准，则无须校正；如果有偏移，则需进行调整。

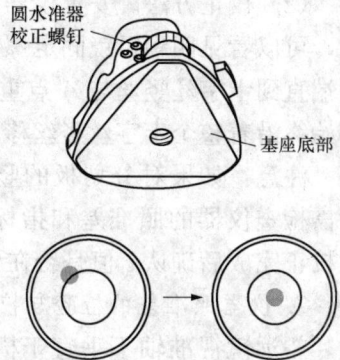

图 6-2-12　圆水准器校正示意图

（2）校正方法。将仪器安放在三脚架上并固定好；将一十字标志安放在离仪器 50m 处；将仪器望远镜照准十字标志；松开粗瞄准器的两个固定螺钉，调整粗瞄准器到正确位置，并固紧两个固定螺钉，见图 6-2-13。

5. 激光下对点器的检验与校正

（1）检验方法。将仪器安置在三脚架上并固定好；在仪器正下方放置一十字标志；转动仪器基座的三个脚螺钉，使激光对点与地面十字标志重合；使仪器转动 180°，观察激光对点与地面十字标志是否重合；如果重合，则无须校正；如果有偏移，则需进

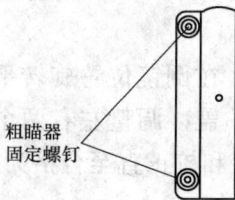

图 6-2-13　粗瞄器固定螺钉示意图

行调整。

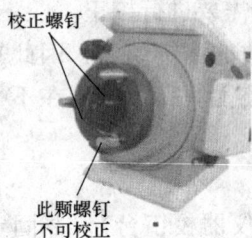

图6-2-14　激光对点器校正
螺钉示意图

（2）校正方法。将仪器从三爪基座上卸下；逆时针旋转仪器底部的保护盖螺钉，卸下对点器保护盖；仪器重新安装在三爪基座上；在三脚架上将仪器固定好，正下方放置一十字标志；转动仪器基座的脚螺旋，使激光对点的中心与地面十字标志重合；将仪器水平转动180°，用校针调整两颗调整螺钉，使地面十字标志向激光对点中心移动一半（一共有三颗螺钉，图6-2-14中此颗螺钉不可用校针调整）。重复直至任意方向转动仪器，地面十字标志与激光对点中心始终重合为止。

6. 望远镜分划板竖丝的检验与校正

若十字丝竖丝与望远镜的水平轴不垂直，则需要校正（这是由于可能要用到竖丝上的任一点瞄准目标进行水平角测量或竖向定线）。

（1）检验方法。将仪器安置于三脚架上并精确整平；在距仪器50m处设置一点A。用仪器望远镜照准A点，旋转垂直微动手轮：如果A点沿分划板竖丝移动，则无须调整；如果移动有偏移，则需进行调整。

（2）校正方法。安置仪器并在50m处设置A点；逆时针旋转十字丝环护盖，取下护罩，可以看见四颗目镜固定螺钉；用十字螺钉刀将四个分划板固定螺钉稍微松动；旋转目镜端直到十字丝竖丝与A点重合，最后将四颗分划板固定螺钉旋紧；再重复检验，直到A点始终沿着整个十字丝竖丝移动，才算校正完毕，见图6-2-15。

注意：如果对分划板的竖丝进行校正，则在完成后需检查仪器的照准差和指标差是否发生了改变。并在校正完成后确认c值是否在要求范围内。

7. 仪器照准差的检验与校正

望远镜视准轴不垂直于横轴时，其偏离垂直位置的角值c称视准差或照准差。在仪器安装时，虽然应尽

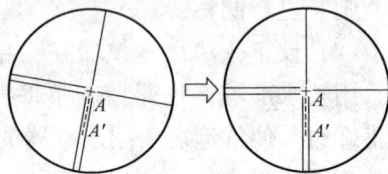

图6-2-15　十字丝竖丝校正示意图

量满足一定的要求，但不可能做到两者完全一致，再加上在仪器的运输、使用过程中，照准差也会产生变化，因此照准差是客观存在的。

（1）检验方法。将仪器安置在稳定装置或三脚架上并精确整平；瞄准平行光管分划板十字丝或远处明显目标，先后进行正镜和倒镜观测，得到正镜读数H_L和倒镜读数H_R。计算照准差$c = (H_L - H_R + 180°)/2$，如果$c < 8''$，则无须调整；如果$c > 8''$，则需进行调整。

（2）校正方法。将仪器安置在稳定装置或三脚架上并精密整平；在倒镜位置旋转平盘微动手轮使倒镜读数：$H_R' = H_R + c$；松开望远镜分划板调整螺钉护盖；调整左右两个调整螺钉，使望远镜分划板与平行光管或远处目标重合；重复进行检验和校正直至合格为止。